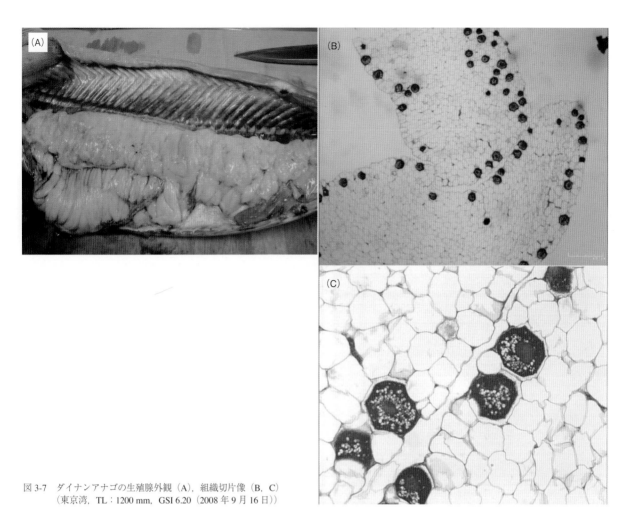

図 3-7　ダイナンアナゴの生殖腺外観（A），組織切片像（B，C）
　　　　（東京湾，TL：1200 mm，GSI 6.20（2008 年 9 月 16 日））

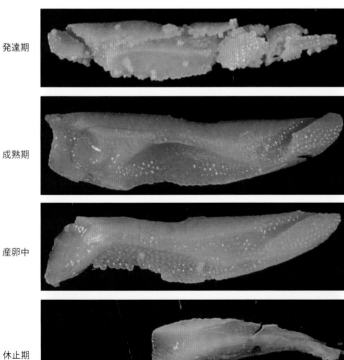

発達期

成熟期

産卵中

休止期

図 3-8　ワカサギの生殖腺（卵巣）の発達に伴
　　　　う変化（Katayama et al.(1999)[8]を改変）
　　　　発達期：卵黄球期の卵母細胞．
　　　　成熟期：卵母細胞が吸水し排卵．
　　　　産卵中：一部の卵母細胞が放卵．
　　　　休止期：ほぼすべての卵母細胞が放卵．

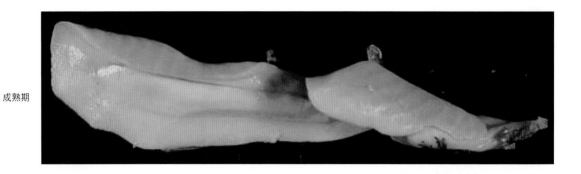

成熟期

休止期

図 3-9　ワカサギの生殖腺（精巣）の発達に伴う変化（Katayama et al.（1999）[8]を改変）

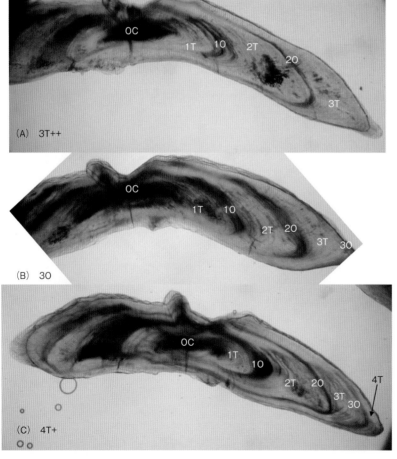

(A)　3T++

(B)　3O

(C)　4T+

図 4-1　ヒラメ（大分県）耳石薄片
　　　すべて同じ年級（3＋歳）.
　　　OC：中央不透明部.
　　　1T：第 1 透明帯.
　　　1O：第 1 不透明帯.
　　　2T：第 2 透明帯.
　　　2O：第 2 不透明帯.
　　　3T：第 3 透明帯.
　　　3O：第 3 不透明帯.
　　　4T：第 4 透明帯.

沿岸資源調査法

Survey Methods for
Coastal Fisheries Resources

片山知史・松石 隆

恒星社厚生閣

はじめに

　沿岸漁業というと，どのようなイメージをもたれるだろうか．零細，漁村，高齢漁師，多様な漁獲物，地魚など，小規模な地域文化・産業をイメージするであろう．実際に沿岸域に生息する海洋生物は多様であるから，漁獲物も少量多品種となる．漁業者も減っている．2011 年に生じた東日本大震災後，被災地の沿岸漁業は生産量も漁業者数も 2 ～ 3 割減少しており，それは漁村の人口流出にもつながり，地域経済の縮小をもたらした．テレビや新聞ではしばしば，不漁，乱獲，漁村の人口減少などが報じられることもあり，沿岸漁業は斜陽で「どうにかしないと……」というイメージになる．

　「どうにかしないと」という意識は，沿岸漁業，生産組織，沿岸資源，漁場環境に手を入れる施策に結びついていく．漁場整備や栽培漁業といった増殖手法は，沖合・遠洋漁業ではあり得ない施策である．それら施策によって資源が増えれば良いが，海洋生物は野生生物であり，その生産量は海洋生態系の生産力に依存するため，思うように増えるわけではない．身の丈にあった持続的生産が沿岸漁業のあるべき姿なのかもしれない．

　上記のように，手を入れ，策を施す対象となりやすい沿岸漁業であるが，過去の事例を検証したうえで，功を成すかどうかを吟味すべきであろう．もし資源生物を管理するにしても，増殖施策を行うにしても，事前に資源生物の生態情報，変動パターン，海洋環境との関係を整理しておく必要がある．ここで重要なのは，地先の海と資源，地元の漁業を広く浅く長く調べ記載しておくことである．つまり，海洋生態系や海洋生物で生じていることの要因を特定すること（演繹法）は困難を極めるのであるが，現在起こっていることが，過去にもあったことなのか，どのような環境条件で生じた現象なのかを整理することで法則性を導くこと（枚挙的帰納法）は可能であろう．資源調査・研究はそのための中心作業であり，論理的，技術的な拠り所として本書が貢献できればと考えている．

　能勢ら（1994）は，水産資源学の役割を以下のように整理した[1]．
1. 環境と漁業の影響を受けている資源の現状を明らかにすること（資源の現状把握）
2. 資源と漁業を好ましい状態に置くこと（資源管理型漁業の実現）
3. 長期・短期の漁況予測をすること（計画的な漁業経営のために）

　個体群動態学に立脚しつつも，応用学問としての水産資源学の位置づけが示されている．漁業としての経済的行為に対して，資源の適正利用とその配分を示す使命がある．まさに今日的には，資源評価の精度向上と適切な資源管理方策の提言が求められているのである．

　本書は，沿岸資源学の端緒として，各都道府県の水産試験場の職員が，日常的に行っている資源調査のマニュアルを示すことを目的としている．具体的には，市場における測定調査，実験室における精密測定・年齢査定，漁業情報・統計を用いた都道府県内の年齢別漁獲尾数の推定といった一連の作業を想定し，その場面場面でのデータを得る方法，データを解析する方法の考え方と数字の扱いを示した．

さらに進んで資源管理方策を検討するためには，資源量，漁獲係数を推定する資源解析を行い，資源評価を実施する必要があるが，本書ではその解析に必要なデータを得て，資源特性を知るまでのプロセスを解説する．資源解析や資源評価については，松石（2022）[2] を参照して欲しい．沿岸資源は栽培漁業種も多い．放流効果の評価方法（放流種苗の混入率，回収率，資源添加効率の推定方法等）は，北田（2001）[3] に詳述されている．

片山知史・松石　隆

目　次

第1章 概論：沿岸漁業の資源と管理

1-1 沿岸漁業とは

　沿岸資源とは，沿岸漁業の対象海洋生物である．沿岸漁業とは，10 トン未満の動力漁船を使用する漁業であり，主に漁業権漁業（養殖を除く）と知事許可漁業である．漁業権とは，「一定の水面において特定の漁業を一定の期間排他的に営む権利」である．沿岸漁業者（自営，養殖を除く，2017 年）は，現在約 88,670 名で，日本の漁業者数 91,950 名の約 96.4％を占める．2018 年の経営体数でも，全体で 79,067 経営体のうち 74,151 経営体（93.8％）が沿岸漁業層である．しかし，漁獲量は海面漁業漁獲量の 27.4％に留まる．漁獲額は 2007 年以降公表されていないが，2006 年は 48.7％であった．日本の産業構造と似ている．70.1％の労働者が就業する中小企業の経常利益は 35.6％である（2017 年）．

　農林統計上は，漁業者や漁船の規模ではなく，漁業種類が基準となっている．沿岸漁業に括られるのは，船びき網漁業，その他の刺網漁業（遠洋漁業に属するものを除く），大型定置網漁業，さけ定置網漁業，小型定置網漁業，その他の網漁業，その他のはえ縄漁業（遠洋漁業または沖合漁業に属するものを除く），ひき縄釣漁業，その他の釣漁業およびその他の漁業（遠洋漁業または沖合漁業に属するものを除く）である．主に 10 トン以下の漁船で操業される小型底びき網や沿岸いか釣は，農林統計においては沖合漁業に含まれるので注意が必要である．

　沿岸域には多様な生物が生息しており，多様な漁業が漁獲の対象としている遊漁や養殖業の生産量を含めると，沿岸漁業生産の重要性はさらに高まる．沿岸漁業の漁獲量は遠洋，沖合に比べて比較的安定している．しかし，1980 年代には 250 万トン以上であった漁獲量は，その後漸減傾向となり，近年では約 150 万トンとなっている（図 1-1，小型底びき網や沿岸いか釣を含む）．この 40 年をみると刺網と採貝採藻は減少しているものの，定置網，小型底びき網は逆に増加している．小型底びき網漁獲量は，1980 年代に急増し，近年では 20 万トン以上を生産しているホタテガイ地まき放流個体の漁獲（地まき養殖）が寄与している．そのホタテガイを除くと小型底びき網の漁獲量は 1970 年代をピークに半減している．定置網漁獲量については，マイワシが 1980 年代に大きく押し上げ，その後サケが 1960 年代から 1990 年代にかけて 10 倍になったことで高位安定している．船びき網は，近年コウナゴの漁が低迷しつつも，シラス漁獲が堅調である．一方，採貝は，内湾のアサリが埋め立てで 1980 年代半ばまでに 10 万トンも減少した[1]．現在では，小型底びき網，船びき網，大型定置網で約半分を占めて沿岸漁業を支えており，かつ多様な漁業で多様な資源が漁獲されている．

(A)

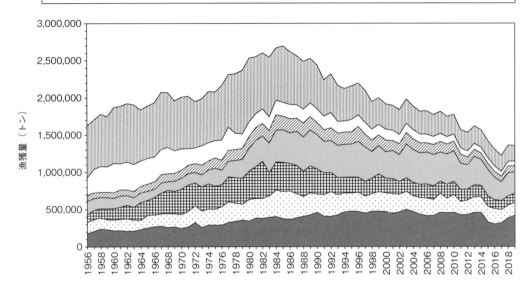

(B)

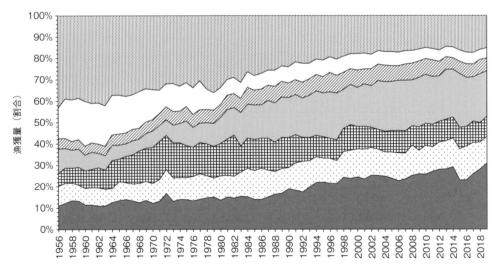

図 1-1　沿岸漁業種別漁獲量（A）およびその割合（B）の経年変化（1956 ～ 2019 年）

1-2 沿岸資源の特徴

　国際連合は持続可能な農と食のあり方を実現するために，2017年の国連総会において，2019～2028年を国連「家族農業の10年」として定めた．家族経営がほとんどである沿岸漁業も，この持続可能な食料生産のパラダイムに近い存在であろう[2]．沿岸漁業の特徴は，先に述べたように多様な漁法と多様な漁獲物である．特に日本列島沿岸は，種多様性のホットスポットといわれるほど，生物種が豊富である[3]．日本近海の生物種数は，バクテリアから哺乳類まで合わせると33,629種となった．日本近海の容積は全海洋の0.9%に過ぎないにもかかわらず，全海洋生物種数約23万種の14.6%を占めており，世界的に見ても生物多様性のホットスポットであることが示された．その理由は，地形，水深帯，水温，潮流，気候区分など環境が多様なことに起因するとされる．確かに日本列島沿岸域は，砂浜海岸，岩礁海岸，内湾で彩られ，そして沖には，太平洋側では親潮，黒潮，およびその混合域，日本海では日本海固有水といった独特の海洋条件を有する．大河が流入しているオホーツク海，東シナ海もある．多様で豊富な沿岸資源が沿岸漁業を支えているのである．

　一方，海岸は開発に晒され，沿岸資源は高い漁獲圧を受けてきた．埋め立てによって，沿岸資源の成育場である干潟，砂浜浅海域，藻場（海藻，海草），湿地が消失した．特に内湾に面する陸域はウォーターフロントと呼ばれ，人口が集中しやすく，経済活動が活発な場である．内湾は人間活動の影響を直接受け，高い有機負荷と，浅場の消失によって，毎年，貧酸素，無酸素の水塊が形成され，生態系がダメージを受けることもある．赤潮，青潮は，初夏の風物詩のようだ．内湾環境に代表される人間活動の影響を強く受けることも沿岸資源の特徴である．

　沿岸資源の特徴は，もう一つある．増殖施策が可能であることである．沖合，遠洋資源に対しては，個体群の調節，資源の管理を行う方策は，漁業のコントロールしかない．外洋の海洋環境や生物群集を人間の手で調節することはできないのである．一方沿岸域は，漁場造成や種苗放流といった増殖施策を行うことができる．1960年代に，「資源培養」「栽培漁業」が水産分野における先端的な技術体系として位置づけられ，国の施策として推進された[4]．種苗生産技術開発を中心として，放流技術が調査研究課題となった．そして「つくり育てる漁業」として，放流後の成育場となる漁場造成や漁礁設置が進められた．1990年代に入ると，「水産資源の維持・増大と漁業生産の向上を図るため，有用水産動物について種苗生産，放流，育成管理などの人為的手段を施して資源を積極的に培養しつつ，最も合理的に漁獲する漁業のあり方」[5]とされ，種苗放流が積極的な資源培養措置として資源管理と一体化される方向になった．沿岸資源研究は，種苗放流，漁場造成といった増殖技術の研究の歴史といえるが，近年では増殖施策を含めた資源管理が主目的となっている．

1-3　沿岸漁業と資源管理

　沿岸漁業の漁獲圧は高いというイメージがあるかもしれないが，本当に沿岸漁業が乱獲をしているのであろうか．乱獲の定義を確認する．漁業資源の余剰生産量と漁獲量が均衡する状態ならば，獲った分増えてくれるので，資源量は減らない．漁獲対象生物は天然資源であり，復元力（＝余剰生産力）がある．しかも野生生物．種を蒔かなくても，施肥をしなくても，餌をやらなくても，毎年食料を得ることができるのである．漁業は究極の持続的な食料生産システムといえる．最大持続生産量（MSY，後述）をもたらす生物量（バイオマス）を維持すれば，理屈の上では最大の持続的な漁業生産が得られる．しかし，資源の再生産や成長の能力を超えて漁獲が行われると乱獲状態となる．乱獲には成長乱獲と加入乱獲という意味の異なる 2 種類が存在する[6].

　成長乱獲：若齢もしくは小型の個体への漁獲および強い漁獲圧によって，個体成長による資源量が増加よりも漁獲が多くなり，資源量が減少してしまう状態．

　加入乱獲：漁獲により，以後の加入量を著しく減少させるような水準にまで産卵親魚量を獲り減らした状態．

　資源管理の方策を簡単にまとめれば，成長乱獲を避けるための資源管理は，小型魚保護であり，一方加入乱獲を避けるためには，産卵親魚量の確保がその方策となる．

　沿岸漁業の総漁獲量は 1980 年代をピークに減少傾向であるが，個々の漁業をみると，安定して生産している漁業種が多い．依然として多様な魚種を私たちに提供し続けているのである．このような状況に対して，2019 年に，水産業界で戦後最大の改革といわれる漁業法の改正が行われた．漁業権の開放と資源管理の強化である．これまでの資源管理方策や漁業制度の考え方と仕組みを大幅に変更するものであった．資源管理の強化については，「科学的根拠に基づき目標設定，資源を維持回復，水域の適切・有効な活用を図る」として，漁獲可能量（TAC）や個別割当て（IQ）が表 1-1 のように具体的に記載された．

　これら改正の特徴は，これまでの入口管理中心の漁業管理から「徹底した出口管理」に舵を切ったことである[7,8].資源管理手法は，入口管理と出口管理に分類される（表 1-2）．水産庁は，資源管理手法を入口管理の投入量規制と，出口管理の産出量規制に加え，漁具の仕様の制限を技術的規制として位置づけているが，管理の考え方としては，漁具漁法の制限は入口管理に含まれ，魚体サイズの制限は出口管理に含まれるとして整理した．

　沿岸漁業においては，主に知事許可漁業と知事許可の漁業権漁業であるので，入口管理が基本である．加えて，都道府県漁業調整規則もしくは自主的な措置として，禁漁区・禁漁期の設定，漁具の制限，小型魚の水揚げ制限が行われ，入口管理と技術的規制が展開されている．出口管理の事例としては，アワビ類などの磯根資源やナマコ類について，操業日数に加え漁獲量上限が設定されている．イカナゴ，ツノナシオキアミについても，1 隻当たりの水揚げ量が定められている．

表 1-1　漁業法の一部を改正する等の法律（海洋生物資源の保存及び管理に関する法律（TAC 法）を漁業法に統合）の概要（「新たな資源管理システムの構築」部分のみ記載）

【資源管理の基本原則】
- 資源管理は，資源評価に基づき，漁獲可能量（TAC）による管理を行い，持続可能な資源水準に維持・回復させることが基本
- TAC管理は，個別の漁獲割当て（IQ）による管理が基本（IQの準備が整っていない場合，管理区分における漁獲量の合計で管理）

【漁獲可能量（TAC）の決定】
- 農林水産大臣は資源管理の目標を定め，その目標の水準に資源を回復させるべく漁獲可能量を決定

【個別割当て（IQ）】
- 農林水産大臣又は都道府県知事は，漁獲実績等を勘案して，船舶等ごとに個別割当てを設定
- 割当て量の移転は，船舶の譲渡等，一定の場合に限定（農林水産大臣又は都道府県知事の認可を受けたときに限る）

表 1-2　漁業資源管理の手法

▶**入口管理（投入量規制，インプット・コントロール）**
　　漁獲圧・漁獲努力を制限
　　　　漁船の隻数・トン数，漁獲日数
　　　　漁獲努力可能量（TAE）
　　　　操業海域・期間（禁漁区・禁漁期）
　　漁具・漁法を規制
　　　　漁具の仕様・大きさ・数，目合の大きさ

▶**出口管理（産出量規制，アウトプット・コントロール）**
　　漁獲量を制限
　　　　漁獲可能量（TAC），個別割当て（IQ）
　　漁獲物を制限
　　　　魚体サイズ，体重，雌雄，成熟状態

　今後は，TAC による管理が基本となる．制度としても，資源管理の考え方としても，大転換である．この資源管理の強化に対する評価については，種々議論があるので，日本水産学会，北日本漁業経済学会のシンポジウム記録を参照して欲しい[9, 10]．以下，TAC を中心に資源管理について詳しく解説する．

　これまでは，カタクチイワシ，スケトウダラ，サンマ，マアジ，マサバ・ゴマサバ，スルメイカ，ズワイガニ，クロマグロの 8 種類が TAC 対象種であったのが，対象魚種・系群を大幅に拡大し漁獲量ベースで 8 割の魚種を TAC 管理を目指すこととなった．遠洋漁業資源は国際機関を

通じて，毎年の個別割当てが決められていた．大臣許可漁業の報告義務もある．沖合資源の一部が 1997 年から TAC 管理となった．沖合漁業は，比較的規模の大きい漁業であるので，全国的な漁業組織が漁船の操業をコントロールし，漁獲量を迅速に整理できれば，総量管理も可能である．とはいえ，数千の経営体の操業を管理するのはなかなか大変である．

　その TAC 管理を約 74,000 の経営体が多様な漁業種で，多様な魚種を漁獲している沿岸漁業に適用するのは，困難を極める．水産庁の方針（2020 年 2 月）としては，「資源評価対象魚種については，令和 5 年度までに 200 魚種程度に拡大し，それ以降もデータの蓄積と資源評価精度の向上を図る．この場合，従来から水産研究・教育機構が主体となって行っている広域に分布する魚種の資源評価に加え，今後は，県が主体となった評価や，地域単位での評価も国の評価として実施していく」とのことである．

　TAC の算定はどのように行われるのか．資源管理目標に関する法文には，「資源管理の目標は，資源評価が行われた水産資源について，水産資源ごとに次に掲げる資源量の水準の値を定める」として，①最大持続生産量（MSY：現在および合理的に予測される将来の自然的条件の下で持続的に採捕することが可能な水産資源の数量の最大値）を実現するために維持し，または回復させるべき目標となる値（目標管理基準値），②資源水準の低下によって最大持続生産量の実現が著しく困難になることを未然に防止するため，①を下回った場合には資源水準を目標管理基準値にまで回復させるための計画を定めることとする値（限界管理基準値）を挙げている．ここで示されている管理基準は，資源量 B を，限界管理基準値 B_{limt} を下回らないようにすること，目標管理基準値 B_{msy} を目標とすることである（図 1-2）．すなわち，現状の資源量（もしくは資源量指数）の水準を評価し，MSY を与える資源量の目標管理基準値に近づけるように，TAC を定めて漁業管理を行うというスキームである．今後多くの沿岸資源についても，資源量の推定と TAC の算定を行っていく方針である．

　資源量や TAC を計算するのは，水産庁およびその作業を受託する機関であるが，基本データの年齢別漁獲尾数を提出するのは各都道府県（以下，県とする）の水産試験場の職員である．行政改革で職員が減少しているなか，市場調査と漁獲量整理を行う現場職員は，どの程度力を入れていいのか見通せないなかでの作業である．本当に数量管理ができるのか，その効果はあるのか．現場を知る職員ならなおさらである．とはいえ，資源管理のためのデータを集約して解析する必要がある．無論これまでも，沿岸漁業が対象とする地先資源については，各県・水産試験場が調査し整理してきた．ただ，資源管理に利活用し公表するための「資源評価」という括りで継続的に行ってきたわけではなく，増殖施策対応の調査研究が多かった．

　一方近年，いくつかの県では県独自で資源評価が行われるようになった[11]．地先資源を対象に，漁獲量，単位努力当たり漁獲量（CPUE，2-5 で詳述），推定資源量等を指標値として，できるだけ長い期間の情報を基に資源水準と動向を判断している．職員が減っているなかでも，できるだけ簡便に，客観的な地先資源の情報を，長期的に整備する意思の表れである．高く評価される取り組みである．

　資源評価は，TAC や IQ の算出のための作業ではなく，地先の海と資源の状態を広く浅く把握

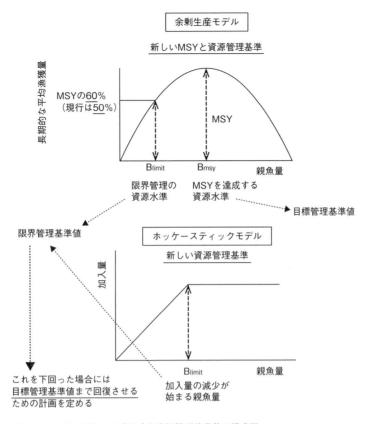

図 1-2 B_{msy} および B_{limit} の求め方と資源管理基準値の模式図
目標管理基準値，限界管理基準値を算定する際には上図の余剰生産モデル
や下図のホッケースティックモデルが用いられる．

しておくためのものとも考えることができる．国際資源や多獲性浮魚（いわし類，さば類など）は国が主導，沿岸資源は県が主導して，漁獲量および資源量もしくは資源量指標値を整理し，長期的に整備・保存すること，国民県民には資源水準・動向を示し説明することが求められる．その資源に何かあった場合，以前も同様のことがあったのかなかったのか，中長期的にみて異常なことなのかどうか，どのような海洋環境条件で生じる事象なのか，漁業の操業状況と照らし合わせて漁業活動に問題があるのかないのか．このような検討をするためには，過去に遡った長期的なデータが必要なのである．そして，現場試験研究機関や行政機関は，沿岸資源の資源水準と資源動向を把握しつつ，必要があれば乱獲を避けるような漁業管理方策を示すことになる．

　沿岸資源の中には成長乱獲状態が疑われるものも少なくない．小型魚保護によって，漁獲尾数は減少するものの，少ない漁獲努力でこれまで同様の生産額が得られれば，収入は増加する．また，従来と同じ漁獲を行っていても，気候変動等により，徐々に加入乱獲になってきた資源も散見される．乱獲の原因と回避方法をデータに基づいて示すことができれば，漁業管理強化の意義とその方策についての漁業者の理解も進むであろう．資源調査結果を基にした漁獲物組成および資源変動パターンの把握を進め，適切な資源管理方策を検討する必要がある．適切な資源管理方策とは，効果的な管理を追求するだけでなく，効果の少ない管理を見極めて実施しないことも含まれ

る．リスク管理の考え方からいえば，どのような資源でも多めに取り残して，次世代の加入量を少しでも多く期待するという方針になる．しかし，取り残すことは，漁獲量を減らすこと，すなわち漁業収入を減らすことである．一時的な収入減少が必ず将来の資源量・漁獲量の増加を保障するなら，計画的な取り残しは必要であるが，無駄な我慢は避けるべきである．

1-4　沿岸資源の資源調査と資源管理方策

　ある問題の解決策を立てるには，その問題が生じた原因を特定して排除するのが常套である．漁業が利用している海洋生物についての最大の問題は漁獲量・資源量減少であるが，その要因は漁獲圧と海洋環境の 2 つである．無論，すべての資源はこの双方の影響を受けており，減少要因を特定するのは非常に難しい．要因特定以前に，その変動パターンや漁業の現状を把握することだけでも多くの労力を要するし，緻密な資源解析ができたとしても，漁獲量の増減の要因を特定することは極めて困難である．資源調査は，漁獲統計の整理に加え，市場調査，精密測定の結果を用いて，資源解析を行うという組み立てとなる．しかし，今後約 200 種を対象とするような資源評価で，すべての資源にこのような解析ができるわけではない．

　資源変動パターンの検討，漁業の現状把握には，資源量，CPUE などの資源量指数，定置網の漁獲量，漁獲量の長期にわたる経年変化データが必要である．漁獲量，漁業情報および関連データの整備が必要な理由がここにある．

　これらの判断を行ったり，資源診断・解析を行うための調査方法は，簡便な順に以下のように段階分けできる[12]．

1. 漁獲量から資源動向を把握する
2. 資源量指数・CPUE で資源動向を把握する
3-1. 体長組成・年齢組成で資源の状態を推定する
3-2. 加入水準・再生産成功率で資源動向を推定する
4. 資源解析によって資源量・加入尾数・漁獲圧を推定する
5. 放流効果を含めて解析する

　これらの具体的な作業については図 1-3 にまとめた．
各調査において，資源や漁業の実態を反映した重要な情報が得られる．そして経年的に行われることによって変動傾向が把握できる．例えば，30 年にわたる漁獲量，資源量指数，CPUE が得られれば，資源変動パターン（便宜的に卓越年級型，中長期変動型，短期変動型，親子関係型に分けられる[13,14]）を推定することができる（図 1-4）．変動パターンは，統計的にパターン分けする必要はなく，過去のデータを基に，魚種ごとにその変動の特徴を把握するだけでよい．これらのパターン分けからは，漁獲圧の程度を知ることができないが，どのような資源管理方策が効果的か，効果がないか，またどのような資源管理指標を設定すればよいかを検討す

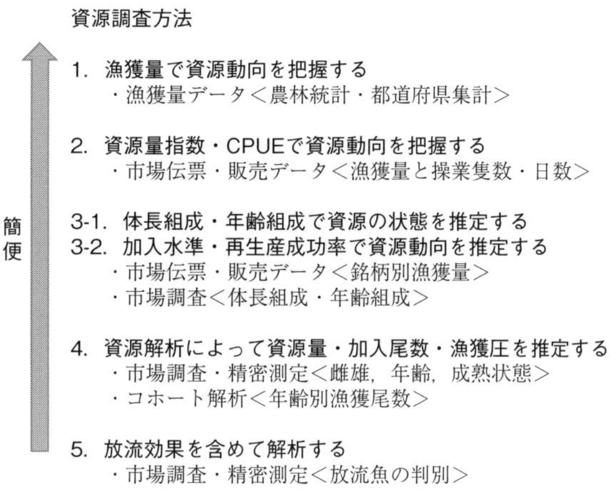

資源調査方法

1. 漁獲量で資源動向を把握する
　　・漁獲量データ＜農林統計・都道府県集計＞

2. 資源量指数・CPUEで資源動向を把握する
　　・市場伝票・販売データ＜漁獲量と操業隻数・日数＞

3-1. 体長組成・年齢組成で資源の状態を推定する
3-2. 加入水準・再生産成功率で資源動向を推定する
　　・市場伝票・販売データ＜銘柄別漁獲量＞
　　・市場調査＜体長組成・年齢組成＞

4. 資源解析によって資源量・加入尾数・漁獲圧を推定する
　　・市場調査・精密測定＜雌雄，年齢，成熟状態＞
　　・コホート解析＜年齢別漁獲尾数＞

5. 放流効果を含めて解析する
　　・市場調査・精密測定＜放流魚の判別＞

簡便

図 1-3　資源調査方法の段階分け

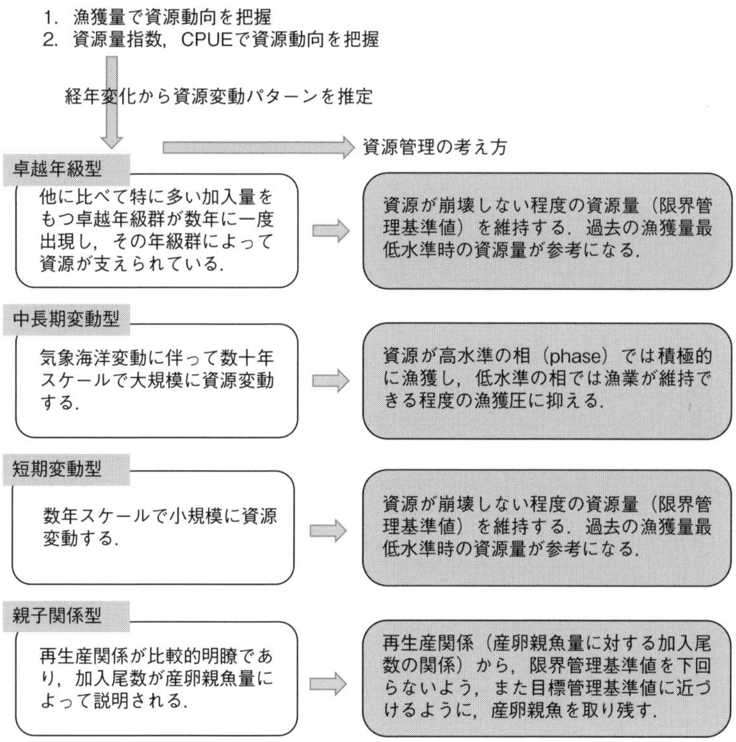

1. 漁獲量で資源動向を把握
2. 資源量指数，CPUEで資源動向を把握

経年変化から資源変動パターンを推定

資源管理の考え方

卓越年級型
他に比べて特に多い加入量をもつ卓越年級群が数年に一度出現し，その年級群によって資源が支えられている．

資源が崩壊しない程度の資源量（限界管理基準値）を維持する．過去の漁獲量最低水準時の資源量が参考になる．

中長期変動型
気象海洋変動に伴って数十年スケールで大規模に資源変動する．

資源が高水準の相（phase）では積極的に漁獲し，低水準の相では漁業が維持できる程度の漁獲圧に抑える．

短期変動型
数年スケールで小規模に資源変動する．

資源が崩壊しない程度の資源量（限界管理基準値）を維持する．過去の漁獲量最低水準時の資源量が参考になる．

親子関係型
再生産関係が比較的明瞭であり，加入尾数が産卵親魚量によって説明される．

再生産関係（産卵親魚量に対する加入尾数の関係）から，限界管理基準値を下回らないよう，また目標管理基準値に近づけるように，産卵親魚を取り残す．

図 1-4　資源変動パターンと資源管理の考え方

ることができる．

　市場調査等では一般的に体長測定を行う．それら漁獲物の体長組成の年齢分解，Age-length Key（ALK，年齢体長相関，5-4 参照）による年齢組成の推定，年齢形質を用いた年齢査定によって，漁獲物の年齢組成が把握できる．このような一般的な調査によって得られる体長組成・年齢組成から，おおよその資源の状態を推定することができる（図 1-5）．

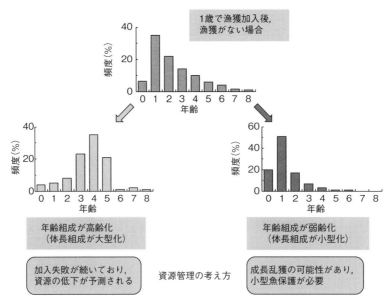

資源調査方法の段階分け
3-1. 体長組成・年齢組成で資源の状態を推定する

図 1-5　体長組成・年齢組成から推察される資源状態と資源管理の考え方

　年齢査定データや ALK から推定した年齢組成は，これまでの年級の加入水準とその後の生き残りの結果を表現している．もし加入がある程度安定している場合は，漁獲死亡と自然死亡の強度がその組成に現れる．その考え方を，図 1-6（A）に示す．ある漁獲物の年齢組成が図 1-6（A）のように求められたならば，漁獲加入はおおよそ 1 歳と判断できる．また最高年齢が 8 歳なので，田内・田中の式[15] を用いて自然死亡係数を 0.31 とする（2.5/8 = 0.31）．1 歳で加入した後（加入年齢），漁業がなかった場合は図 1-6（B）のように推定される．漁獲物の年齢組成との差が，漁業によって漁獲された部分となる．精密測定や過去の知見で，各年齢群の雌雄比，成熟個体の割合，平均体重がわかっていれば，雌の産卵親魚量が推定される（図 1-6（C））．この例の場合は，雌雄比 1：1 で，2 歳の成熟率 50％とした．図 1-6（C）で示された漁獲がなかった場合の産卵親魚量（最大産卵ポテンシャル）と漁獲物で示された現行の産卵親魚量の割合が％SPR である．これは，親魚の取り残し量を示す値である．Mace and Sissenwine（1993）[16] は，詳細な資源評価がされている 27 種 91 系群を対象に，資源を維持することができる最低限の％SPR を調べたところ，系群によって 2 〜 65％と大きく異なり，平均が 18.7％となった．30％SPR だと，調べた系群の82％，40％SPR だと，92％の系群が維持できる．本来は個別の資源に対し経年的な年齢別漁獲尾数データに基づきコホート解析等で資源が維持できる％SPR を算出すべきであるが，資源評価がされていない場合は，最低でも 30％SPR，できれば 40％SPR が確保できるように漁獲することを提言している．この例では，年齢組成から簡易的に推定した％SPR は 31.1％であった．加入乱獲の可能性が無視できない状態であると判断される．
　海洋生物は年々加入量が変動するので，ある年の体長組成・年齢組成だけから資源解析を行う

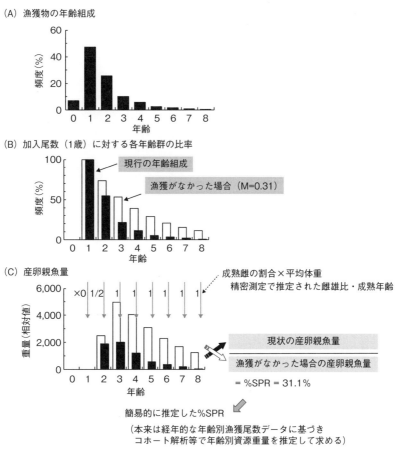

図 1-6 年齢組成から推察される加入当たりの産卵親魚量（%SPR）

ことは難しいが，リアルタイムの情報として乱獲の程度，加入の動向についての重要な情報を与えてくれる．

さらに資源解析を進めることによって，資源量や加入尾数が推定できるだけでなく，漁獲圧（漁獲係数）や，加入当たり漁獲量，加入当たり産卵親魚量，再生産成功率といった値を得ることができる．その推定方法は割愛するが，それらの値を見ながら，成長乱獲，加入乱獲の程度を判断し，有効な資源管理方策を検討することが可能となる（図 1-7）．

重要なことは，いずれの調査も，もし比較対象を設けられるならば，調査結果に客観性を付与できることである．つまり，時空間的に比較するために長期調査もしくは広域調査を行うことである．その意味において，農林統計体制の再整備，水揚げ記録の整備，地先資源および海洋環境の調査枠の継続が重要である[11]．一方，農林統計の縮小や試験研究機関の人員削減が進んでいる．これまでの管理方策を反省しつつ，今後の沿岸資源の調査体制を再構築することが急務である．そのようななかで，資源評価対象魚種の拡大が，利活用というよりも「広く浅い」モニタリングを主眼として行われることが必要であろう．さらに前述した，県独自の資源評価調査の取り組みは，非常に重要であると考えられる．

資源調査方法の段階分け
3-2.　加入水準・再生産成功率で資源動向を推定
4.　　資源解析によって資源量・加入尾数・漁獲圧を推定

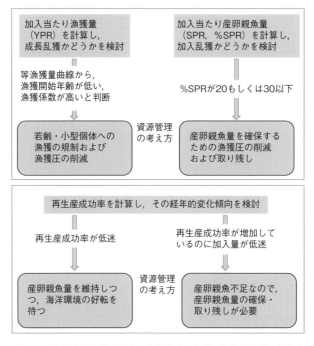

図 1-7　資源解析から推定される資源状態・漁獲圧と資源管理の考え方

コラム **1**　　**漁獲量はなぜ減ったか**

　農林水産省が発表した統計によると，2019 年の漁業・養殖業生産量は 416 万トンと最低を更新し，ピークだった 1984 年の約 3 割にまで減少したという．漁獲の低迷は乱獲が一因というが，本当だろうか．

　水産庁は，水産資源評価結果を毎年公表している．日本沿岸の評価対象種 48 種 79 系群の 2018 年の評価結果では，高位の区分数が 16% に対し低位が 51% と半数を占める．魚が減っているようにも見えるが，実はこの比率は，発表されている 1996 年から，ほとんど変わっていない．なかには高位から低位に転落した系群や低位から高位に復元した資源もあろうかと思うが，総じて漁業者が乱獲して，海の中の魚の量が 3 割になったというわけでは決してない．

　実は，明確に減少していたのは資源量ではなく，漁業就業者数である．水産庁の統計によれば，1984 年に 44 万人いた漁業就業者数は，2018 年には 15 万人と約 3 割になっている．平均すれば，沿岸の魚の量はそれほど変わらず，漁業者 1 人当たりの漁獲量も変わらない．しかし，漁業者数が 3 割に減ったので，漁獲量も 3 割になった，という計算である．

　海の中に魚がたくさんいれば食卓にもたくさん載る，というわけではない．魚を獲っ

て，運んで，売ってくれる人がいなければ，魚は食卓まで届かない．魚を獲りすぎれば，海の中の魚は減る．しかし，魚を獲らなければ，魚を獲ってくれる漁業者が減る．魚も漁業者も大切にしないと，いつまでも美味しい魚を食べ続けることはできない．

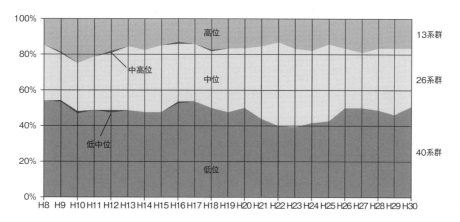

図　1996 ～ 2018 年の資源評価対象種資源水準
出典：平成 30 年 10 月 30 日水産庁プレスリリース https://www.jfa.maff.go.jp/j/press/sigen/190124.html.

コラム **2**　## 海洋保護区

　2011 年 10 月に名古屋で開催された生物多様性条約 COP10 では，2020 年までの目標を定めた新戦略計画が採択され，陸域および内陸水域の 17％，また沿岸域・海域の 10％を保護区域いわゆる海洋保護区（MPA：marine protected area）とすることとなった．MPA は，必ずしも漁業禁止区域を意味するものではないため，日本は沿岸水産資源開発区域・指定海域（海底の改変，掘削行為などの開発規制）と共同漁業権区域漁業管理施策が行われている海域の面積を積算してほぼ 10％（9.4％）とした．このような数字の積み上げではなく，漁業を行わない保護区・禁漁区は，沿岸漁業に対してどのような効果があるのかを，今後の沿岸資源学は対象とすべきであろう．

　県条例や漁業者の自主的な取り組みによって，現在でも様々な保護区・禁漁区が設定されている．多くは，産卵期に産卵場に集群する資源を漁獲しないようにする措置である．場を保護するのか，取り残し量を確保するのか，科学的な検討はあまり行われてない．一方，漁業者の経験から，この取り組みが功を奏しているとも思われる．産卵期だけでなく，一定面積を常に禁漁にした場合，その影響はプラスとなるのかマイナスとなるのか．主に地先資源を対象にする沿岸資源学は，正面から研究する課題であると思われる．

コラム 3　余剰生産モデルの描き方

　多くの水産学の教科書には，ラッセルの余剰生産モデル，シェーファーのプロダクションモデルといった資源学の基礎となる式が掲載されており，それらの図を基に，持続的に最大の生産量・漁獲量を得るMSYの仕組みが説明されている．その図を書こうとすると，パワーポイント等で半円を書いたり，それらしい左右対称の曲線を描いているのを目にすることが多い（図）．もし半円を用いてしまうと，資源量 0 のときの傾き（接線）は無限大になってしまう．個体群の動態としてはあり得ないものである．

　余剰生産モデルの基本は，ロジスティック式である．個体数が 0（実際には極小）のときの個体群成長速度は r（内的自然増加量）であり，個体数が増加すると個体群成長速度は直線的に減少し，K（環境収容力）に達すると 0 になるというものである．

　余剰生産モデルの曲線を手書きで描くのは非常に難しい．式としては，以下のような簡単なものなので，表計算ソフトで適当な数値を入れて描かせて用いることをお勧めする．

$$Y = rB\left(1 - \frac{B}{K}\right), \quad Y = qKX - \frac{q^2K}{r}X^2$$

Y：漁獲量，r：内的増加率，K：環境収容力，q：漁具能率，X：漁獲努力量

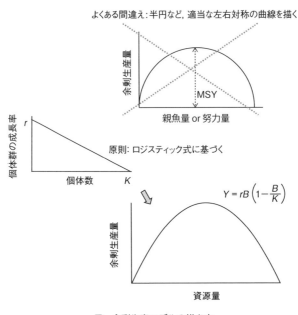

図　余剰生産モデルの描き方

第2章　漁獲量および漁獲努力量

　資源の調査研究は，「はじめに」に書いたように，資源の現状を把握し，資源と漁業を好ましい状態に置くこと，すなわち漁獲量の高位安定を目的としている．しかし，その資源の現状把握というのが最も難しいことである．陸の生物ならば，生息個体数を直接計数することができる．その生物を自ら採集することが可能な場合もあり，標識放流といった手段も選ぶことができる．しかし，海の中の生物を数えることは極めて困難であるし，生物を採集することも，自由漁業（遊漁）以外は許可が必要である．

　そのような海洋生物の資源量の動向を最もわかりやすく反映するデータは漁獲統計である．漁獲量自体が資源の増減を反映する．一方，漁獲量は漁業という経済行為の結果であるため，科学調査のように資源量動向を正確に反映するものではない．「漁獲努力量」の節（2-4）でも触れるが，CPUE や有効努力量を用いれば，資源量動向をより正確に反映する漁獲量指数を得ることができる．また，年級群，発生群（コホート）に対する漁獲尾数の経年減少から資源量を推定することも可能である．いずれにしても，精度の高い漁獲統計は資源解析に必須である．

2-1　世界の統計

　世界の漁獲量データは，国連食糧農業機関（FAO）の統計（"Yearbook of Fishery and Aquaculture Statistics"）が正式なものである．英語だけでなくフランス語とスペイン語で提供されている．漁獲漁業生産（capture production），養殖生産（aquaculture production），水産商品（commodities）に分けられて，おおよそ3年前までの統計が毎年発行されている．

　国ごとの漁獲量としては，漁船の所有者ではなく船籍（flag of the vessel）で仕分けられている．また，その国の漁獲量には，外国の漁船が漁獲し国内の港に上陸した量は含まれていない．

　漁船によって，生物が入網し，船上で仕分けられ，一部は加工されて市場に水揚げされる過程を上記 FAO 統計に付されているフロー図をもとに図 2-1 に示す．沿岸漁業では多くの生物は，投棄されるものはあるものの，仕分けされるだけで水揚げされる．一方，遠洋・沖合漁業においては，漁船の船上で加工され，内臓除去，切り身（filleted），塩蔵，乾燥，魚粉，魚油等として水揚げされる場合がある．それら水揚げ量（landing）は，捕獲時の生体重量相当量（nominal catch）に換算する係数（conversion factor）を用いて計算している．

　以下，魚介類が漁具に入ってから水揚げされ，漁獲量として換算されるまでのフローである．漁業投棄の定義を考えるうえでも参考になる図である．なお，サンゴ，真珠，海綿，貝殻には，生産量（production）が，クジラやアザラシについては，漁獲頭数（catch）が用いられている．

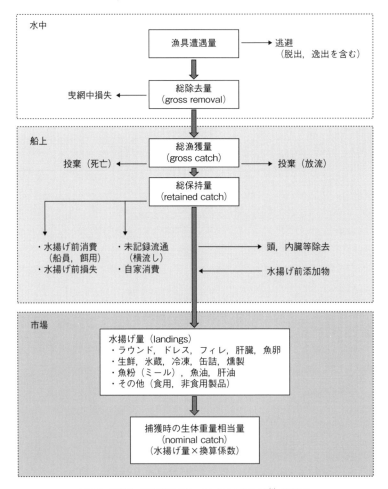

図 2-1　漁獲と水揚げのフロー図（FAO（2020）[1] を改変）

　FAO 統計では種別の生産量が国別，海域・水域別に集計されている．その生物種は 2,213 種にのぼるが，FAO「水生動植物の国際標準統計分類」（ISSCAAP：International Standard Statistical Classification of Aquatic Animals and Plants）に示されている 9 つの生物群（淡水魚，通し回遊魚，海産魚，甲殻類，軟体動物，水生哺乳類，その他水生生物，非食用水産物（真珠，サンゴ，海綿），藻類）に分けられて整理されている．

　図 2-2 は，FAO 漁獲漁業生産を用いて，最新の 2018 年データから過去に遡って，1993 年，1970 年を加えて生物種類グループごとの漁獲量を示したものである．グループ分けが現在の方式に整ったのは 1970 年頃であるが，参考としてそれ以前のデータ（1938 年，1967 年）も付記した．世界の漁業生産は，1930 年代は約 200 万トン，1960 年代に 600 万トンを超え，1990 年半ば以降は 900 万トン前後でほぼ安定している．この図をみると，ニシン目魚類等の浮魚を中心とした全体の漁獲物組成は，さほど変化していないことがわかる．

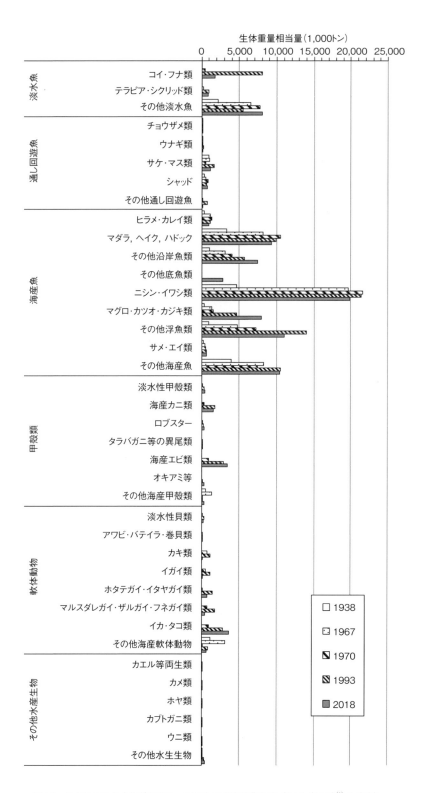

図 2-2 世界における生物種類グループごとの漁獲漁業生産（FAO（2020）[1] を改変）
生物名の記載方法は『水産白書』[2]『世界漁業・養殖業白書』[3] を参考にした.

2-2　日本の農林統計

　国は統計法で公的統計を規定し，国勢統計，国民経済計算その他国の行政機関が作成する統計のうち総務大臣が指定する特に重要な統計を「基幹統計」として位置づけて整備することになっている．農林水産省の基幹統計は，農林業構造統計，牛乳乳製品統計，作物統計，海面漁業生産統計，漁業構造統計，木材統計，農業経営統計である．資源の調査研究で用いる漁獲量データは海面漁業生産統計，漁獲努力量に関する漁業センサスデータは漁業構造統計である．日本のこれら統計データは，世界の中でも歴史的にも精度の高い統計として知られる．

　日本の水産業関係の基幹統計は，海面漁業生産統計，漁業構造統計であるが，具体的な調査は表2-1の通りであり，各々データが公表されている．

　資源調査研究の拠り所となる魚種別漁獲量が含まれる海面漁業生産統計は，水産庁の資料および山本（1960）[4]によると，年表（表2-2）のような変遷を経て現在の方式となっている．

　海面漁業生産統計，養殖生産量は，年ごとの各県の統計を積み上げて整理されるが，魚種別，漁業種別の漁獲量，生産量が，漏れなく集計されることが肝要である．まだ日本には，高い鮮度が求められるようなシラス漁業や，産地市場が整っていないような地区では，仲買業者が漁業者から直接買い取る流通も見られるが，全量水揚げが基本であり，市場での水揚げ伝票に基づく水揚げ統計が整っている．養殖では，以前から漁業協同組合が一括して扱う「共販」が行われており，また近年では，大手の仲買業者や加工業者が直接漁業者から仕入れる市場外流通が増えているが，水揚げ量・生産量は把握されている．

　農林統計を扱う上で注意しなければいけないのは以下2点である．

　・属地から属人へ

　日本の漁獲量統計（以下，農林統計）は，地方農政局等から報告された水揚げ機関および海面漁業経営体の調査結果を積み上げ，都道府県・大海区・全国の区分で，大臣官房統計部生産流通

表2-1　日本の水産業関係の基幹統計

項　目	調査名等
経営体数	漁業センサス，漁業構造動態調査
経営収支	漁業経営統計調査
生産量	海面漁業生産統計調査，内水面漁業生産統計調査
産出額	海面漁業生産統計調査，内水面漁業生産統計調査，水産物流通調査
流通	水産物流通調査，産地水産物用途別出荷量調査，冷蔵水産物在庫量調査，食品流通段階別価格形成調査
水産加工	水産物流通調査，水産加工統計調査，水産加工業経営実態調査
その他	水産業協同組合年次報告，都道府県知事認可の漁業協同組合の職員に関する一斉調査，水産業協同組合統計表

表 2-2　海面漁業生産統計調査の沿革

年		海面漁業生産統計調査に関する出来事
西暦	和暦	
1870〜	明治3〜	水産加工生産高調査が主体.
1894〜	明治27〜	魚種別生産量調査. 農林省統計調査部出張所職員（もしくは市町村職員）による調査.
1950〜	昭和25〜	農林省統計機構による調査への移行期間. それまでの年1回の表式調査から, 漁獲月報調査に変更された. 一部, 標本理論に基づく海面漁業漁獲統計調査が行われた.
1952	昭和27	総務大臣による指定統計となり, 農林省統計機構による「海面漁業漁獲統計」調査が開始. 水産専門職員による調査.
1953	昭和28	別途行われていた海面養殖業に係る調査を吸収.
1964	昭和39	属地統計であった本統計を, 水産行政の展開に対応するため属人統計へ転換.
1973	昭和48	現在の名称である「海面漁業生産統計調査」に改称.
1980	昭和55	調査事項を追加.
2007	平成19	漁業種類・魚種等の調査項目を見直し, 現在に至る.
2020	令和2	稼働量調査の廃止および漁業種類・魚種等の調査項目等を見直し, 現在に至る.

消費統計課において集計する. 調査項目は, 漁業種類, 操業水域, 魚種別漁獲量, 漁業種類・規模別の漁労体数（漁業経営体数）, 1漁労体当たり平均出漁日数, 1漁労体1日当たり平均漁獲量である. 現在は, 海面漁業経営体の所在地に計上することになっており, 属人統計といわれる. しかし1963年以前は水揚げ港の行政区に登録されていた（属地統計）. もし東京の漁業者が, 島しょ付近で漁獲し, 神奈川の三崎港で水揚げしたら, 神奈川県の漁獲量に加えられていた. 一方, 現在の農林水産関係市町村別統計をみると横浜市では3,000トン以上の遠洋かつお・まぐろの漁獲量がある. 横浜にある経営体が, どこかの港に水揚げした値である. 漁獲量の経年変化を整理する際には注意が必要である.

・農林統計の簡略化

　同様に農林統計の大きな変化としては, 魚種の減少や記載の簡略化が挙げられる. 漁獲量の経年変化を調べる場合, 継続的な統計の整理が必要であるが, めぬけ類, にべ・ぐち類, えそ類, いぼだい, はも, ほうぼう類, えい類, しいら類, とびうお類, ぼら類, たらばがに, はまぐり類, うばがい（ほっき）, さるぼう（もがい）, こういか類, なまこ類, わかめ類, ひじき, てんぐさ類, ふのり類のデータが2007年の農林統計から消えている. 重要沿岸資源が多いことがわかるであろう. また, ちだい, きだいがまとめられて, ちだい・きだいとなった. さらに, 遠洋底びき網（南方水域）およびいか釣のうち, 日本近海水域以外で漁獲された「するめいか類」は「その他のいか類」に含まれるようになるなどの変更も生じた. 2007年以降の上記魚種の漁獲量を調べる場合は, 各県の農林統計を集める必要があるが, 各県も国に合わせて簡略化した魚種も

多く，漁獲統計整理が実質不可能になってしまった．しかも，近年は個人情報保護のため，「調査対象数が 2 以下の場合には調査結果の秘密保護の観点から，該当結果を「x」表示とする秘匿措置を施している」．現在は，漁業者数が減少し，沖合底びき網など県で 1 経営体のみの漁業種も少なくない．ある統計で 1 つでも「x」があると，積算できなくなる．いずれにしても，近年の統計の簡略化は，漁獲量統計整理の大きな障害となっている．

　なお，農林統計における記号の意味は以下の通りである．

　「―」：事実のないもの，「…」：事実不詳または調査を欠くもの，「x」：秘密保護上，数値を公開しないもの，「0」：単位に満たないもの，「△」：負数または減少を示す，「*」：訂正数値を示す．

　なお，農林統計における漁獲量とは，船上加工した場合も，採捕時の原形重量である．操業中に丸のまま海中に投棄されたものは含まれない．市場の伝票に記載される水揚げ量は，漁獲量とは異なるが，沿岸資源においては区別する必要はほとんどない．ただし，魚種によっては，皮や鰭や内臓を除去し可食部のみ水揚げされる場合があるので，注意が必要である．なお前述のように，FAO の統計では，水揚げ量を生体重量に換算して求めた生体重量相当量を漁獲量として集計されている．

2-3　遊　漁

　遊漁はレクリエーションを目的とした水産動植物採捕のことであり，釣り，潮干狩り，海藻採取，魚突き等がある[5]．遊漁船業の適正化に関する法律では，遊漁船業を「船舶により乗客を漁場に案内し，釣りその他の方法により魚類その他の水産動植物を採捕させる事業」としている．内水面における遊漁は，漁業権を免許されている漁協が，遊漁規則を定め，都道府県知事の認可を受けたうえで遊漁料を課しており，また，内水面の管理，水産資源の増殖を行うことが課されているなど，海面とはシステムが異なっている．

　2018 年の漁業センサスによれば，遊漁船業を兼業している経営体数は 3,703 で，全体の沿岸漁業経営体数 74,151 の 5％である．大都市近郊の沿岸漁業者にとって，遊漁船収入は大きなウェイトを占めており，海面漁業と遊漁の併用は都市型漁業ともいえる．

　業者ではない一般の遊漁者数は，遊漁船登録業者のなかから，遊漁船業者を無作為に抽出，および日本小型船舶検査機構発刊の『小型船舶統計集』に基づき，プレジャーボート所有者から無作為抽出して計算される．したがって，船を使わない釣り（陸釣り）はまったくカウントされない．この一般の遊漁者数については，平成 20 年度の統計が公表されているが，その 1 回のみである（https://www.maff.go.jp/j/tokei/kouhyou/yugyo_horyo/gaiyou/）．さらには，これらの遊漁による魚種別採捕量は，ほぼ「わからない」という状況である．

　遊漁による釣獲量（採捕量）は，無視できない量である．一色（2013）[6]によると，東京湾におけるマダイの漁獲量と遊漁による採捕量は同レベルである．当資源は，加入個体に占める放流された種苗の割合（混入率）が，約 50％であり，遊漁で採捕される分を放流しているような構造になっている．沿岸資源を考える際には，遊漁の漁獲圧は計算に入れるべきであろう．

2-4　漁獲努力量

　法文上は，「水産資源を採捕するためにおこなわれる漁ろうの作業の量であって，操業日数その他の農林水産省令で定める指標によって定められるもの」が漁獲努力量である．資源回復の計画的な取り組みの一環として，2003 年より「海洋生物資源の保存及び管理に関する法律」に基づき，漁獲努力量の総量管理制度（TAE 制度）による管理が行われてきた．資源回復計画でも取り入れられ，アカガレイ，イカナゴ，サメガレイ，サワラ，トラフグ，マガレイ，マコガレイ，ヤナギムシガレイ，ヤリイカといった沿岸資源が対象となっている．その計画のほとんどは，県もしくは海域ごとに操業日隻の上限を設定している．「日隻」は最も一般的な努力量の単位であるが，農林統計には，漁労体数（漁業経営体数），航海数，出漁日数，漁労日数が示されている．用いられる努力量の単位の定義・注釈を表 2-3 に示した．

　漁獲努力量は，資源解析に直接用いられることがある．資源解析の一つの手法に，余剰生産モデルがある．水産資源の動態を重量ベースで表現した新規加入量を A，個体の成長による個体群の増重量を G，自然死亡量を D，漁獲量を Y とすると，ある年の初めの資源量 P_t と翌年の初めの資源量 P_{t+1} の間には，$P_{t+1}-P_t=A+G-D-Y$ という関係が成り立つ．この式をラッセルの方程式（ラッセルの余剰生産モデル）[7] という．資源増加量 $A+G-D$，すなわち余剰生産量と漁獲量 Y が同じならば，$P_{t+1}-P_t=0$ となり，資源量が一定水準に保たれる．逆にいえば，余剰生産量の分だけ漁獲を行うことで半永久的に生物資源を利用できるのである．

　余剰生産量は，資源量に依存しており，漁獲がまったくない状態では，資源生物は，環境収容力いっぱいまで増えて，余剰生産は 0 になる．漁獲によって資源が減少すると，復元力が働き環境収容力を満たすまで余剰生産が発生する．

　このラッセルの方程式と，ロジスティック式を組み合わせたのが，シェーファーのプロダクションモデルである．

表 2-3　漁獲努力量の定義等

漁業経営体数	海面漁業を営む世帯，その他の事業所
漁労体数	漁業経営体が営む漁労の単位．単船操業の場合は 1 隻，複船操業の場合は一組を 1 漁労体とする．大型定置網については，定置漁業権 1 件ごと，小型定置網においては，呼称される網（ます網，つぼ網，角建網等）を 1 漁労体とする．単位は（か）統．
航海数	漁船が漁労を目的として出港してから入港するまで．同一日に同一漁船が同一漁業に 2 回以上航海しても 1 航海とする．
出漁日数	漁獲の有無に関わらず，航海した日数をいう．夜間操業で夕方出港し翌朝入港する場合は 1 日であるが，2 夜以上にわたる場合は，出港日から入港日の通算日数．
漁労日数	通算出漁日数において，漁労作業を行った日数（以西底びき網，沖合底びき網，大中型まき網，遠洋近海まぐろはえ縄，遠洋近海かつお一本釣といった指定漁業のみ）．

$$\frac{dB}{dt} = rB\left(1 - \frac{B}{K}\right) - qXB$$

B：資源量，r：内的自然増加率，K：環境収容力，X：漁獲努力量，q：漁具能率

　この式を変形すると，平衡状態（$dB/dt=0$）において，単位努力当たり漁獲量（CPUE：Y/X）が，漁獲努力量 X の一次式で表されることがわかる（図 2-3）．

$$CPUE = qK - \left(\frac{q^2K}{r}\right)X$$

　この関係を利用し，長年の漁獲量と漁獲努力量から，MSY や MSY を与える漁獲努力量 F_{MSY} が推定され，現状の漁獲努力量がそれより多いか小さいかを判断できる．もちろん，実際には漁獲努力量や漁獲開始年齢，資源の年齢構成は変動するので，直近の資源動向や漁獲量を正確に予測するものではないが，市場調査を行わなくても，漁業種別の漁獲努力量と漁獲量があれば解析可能である．以前は国際捕鯨委員会での捕獲枠の決定に用いられたり，東南アジア諸国や国際資源でも広く用いられている．水産研究・教育機構が行っている資源評価においても，大臣許可漁業で漁獲報告が利用できるサメガレイなどで余剰生産モデルによる解析が行われていたが，現在では用いられていない．

　漁獲努力量が変化する要因は，第一に経営体数（漁業経営体数，漁業者数）である．公式な経営体数は，漁業センサスによって公表されている．漁業センサスは漁業における日本唯一の構造統計であり，海面漁業の生産構造および就業構造，海面漁業の背後条件，内水面漁業の生産構造等が，全国，都道府県別にまとめられている．海面漁業については具体的には，経営体数，漁船規模，漁獲金額，営んだ漁業種類，経営体の専兼業分類，自営漁業の後継者数，兼業種類などが記載されているが，調査および公表は 5 年に一度である．

　上記のように漁獲努力量は経営体数に依存するが，流通（産地市場と消費地市場の休開市）や

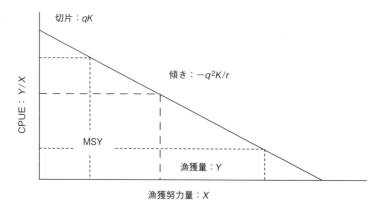

図 2-3　余剰生産モデルに基づく，漁獲努力量と CPUE の関係

自主的休漁措置で制限される．さらには気象・海洋の状況で出漁日が大きく減少することもある．また，出漁するかどうかは利潤の見込みによるので，資源状態，魚価，燃油価格によって左右される．

　以前は，漁獲量が減少したというと，その要因は漁獲圧の増加による資源量減少，もしくは環境変動のいずれかであることがほとんどであった．しかし，近年の沿岸漁業は「漁獲努力量減少による漁獲量減少」というパターンが見られている．図 2-4 は東北各県（茨城県を含む）の小型底びき網漁業，図 2-5 は愛知県豊浜漁港の小型機船底びき網漁業における漁獲努力量，漁獲

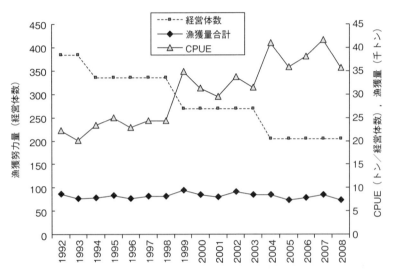

図 2-4　岩手県，宮城県，福島県，茨城県における小型底びき網漁業の経営体数，総漁獲量，CPUE の経年変化

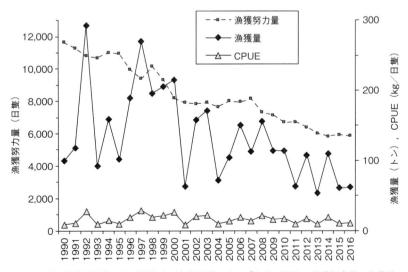

図 2-5　愛知県豊浜漁港の小型機船底びき網漁業による「あなご類」の漁獲努力量，漁獲量，CPUE の経年変化

量，単位努力当たり漁獲量（CPUE）の経年変化である．東北の小型底びき網漁業は，経営体数がこの 16 年でほぼ半減しているが，漁獲量は 7 〜 9 千トンで安定している．したがって CPUE が 20 トン／経営体数から 40 トン／経営体数に倍増している．愛知の小型機船底びき網漁業では，CPUE はほとんど変わっていないが，やはり漁獲努力量（日隻）が半減し，その減少に伴って漁獲量が減少していることがわかる．漁獲圧が高くて資源状態が悪化し漁獲量が減るのも問題であるが，漁業者の数や出漁が減って漁獲量が減ることのほうが，産業としては重大な問題である．漁業者数は，漁村の人口に直結する．また出漁日数も漁具・燃油等の業者の営業に影響する．漁獲量は，産地市場のみならず，冷凍庫・加工場・流通の稼働率を左右する．すなわち，現在生じている漁獲努力量減少に伴う漁獲量減少という状況は，地域経済全体に影響するのである．

2-5　努力量の標準化

　漁獲努力量データの扱いの例を記す．

　同じ資源を複数の漁業が漁獲することはまったく珍しくない．そのなかで，漁業 A，B，C があり，漁業 A に標準化する場合には，同じ海域もしくは同程度の生息密度の場所を漁獲した漁業 A，B，C の CPUE を用いる（Y：漁獲量，X：努力量，CPUE：Y/X）．漁業 A の CPUE に他の漁業の CPUE が同じになるような係数（K：標準化係数）を求めて，各々努力量に乗ずる．それを合計すれば，漁業 A に合わせた全努力量を得ることができる．

$$K_B = \frac{(Y_B/X_B)}{(Y_A/X_A)} \quad K_C = \frac{(Y_C/X_C)}{(Y_A/X_A)}$$

$$X_T = X_A + K_B X_B + K_C X_C$$

表 2-4　努力量の標準化の計算例

漁業種 i	漁獲量 Y_i	努力量 X_i	CPUE（t/回）$u_i = Y_i/X_i$	標準化係数 $K_j = u_j/u_j A_j$	標準化された努力量 $K_j X_j$
A	20	10	2.0	1.0	10
B	48	20	2.4	1.2	24
C	30	10	3.0	1.5	15
合計	98	40			49

2-6　CPUE と有効漁獲努力量

　CPUE は，資源密度を示す相対値，指数として用いられている．

　CPUE の根本問題として，資源の魚群，努力量の分布が一様でないこと，漁獲努力は魚群の

分布密度の高いところに集中することである．この問題を解消するため，漁場を時間・空間で分割する方法がとられることがある．個々の区画内の資源の分布密度が一様であるとみなせば，CPUE はその時間・空間での資源密度を正確に代表しているものと扱うことができる．各区画の面積で重み付けした平均 CPUE を求めることになる．

　資源の分布水域を n 個に分割し，i 区域での資源量を P_i，面積を A_i，資源密度を d_i，全面積を A，総資源量を P，平均資源密度を $\overline{d}$ とする．

$$d_i = P_i / A_i$$

$$\overline{d} = \frac{\sum_{i=1}^{n} P_i}{\sum_{i=1}^{n} A_i} = \frac{\sum d_i A_i}{\sum A_i}$$

　CPUE が密度に比例しているとすると，d を CPUE（Y（漁獲量）/X（努力量））に置き換えた値が資源量に比例すると考えられるので，資源量指数 $\widetilde{P}$ は，以下のように表される．

$$P = \sum P_i = \sum d_i A_i = \overline{d} A$$

$$\widetilde{P} = \sum \frac{Y_i}{X_i} A_i$$

　有効漁獲努力量とは，努力量の分布の偏りを除いて，有効に資源に作用した努力量のことである．CPUE が密度に比例するとすれば，有効漁獲努力量は資源量指数，面積，漁獲量から次のように計算される．

$$\frac{Y}{\widetilde{X}} = \frac{\widetilde{P}}{A}$$

$$\widetilde{X} = \frac{YA}{\widetilde{P}}$$

表 2-5　計算例 1

漁区	面積（km²）	漁獲量（t）	努力量（回）	CPUE（t/回）	資源量指数（km²·t/回）
i	A_i	Y_i	X_i	$u_i = Y_i / X_i$	$P_i = A_i \cdot u_i$
1	10	200	20	10	100
2	20	600	40	15	300
3	20	200	20	10	200
4	10	600	40	15	150
合計	60	1,600	120		750

$$有効漁獲努力量（回）\ \widetilde{X} = \frac{YA}{\widetilde{P}} = \frac{1600 \times 60}{750} = 128$$

$$努力量の有効度（無次元）\ \varepsilon = \frac{\widetilde{X}}{X} = \frac{128}{120} = 1.067$$

$$有効漁獲強度（回／km^2）\ f = \frac{\widetilde{X}}{A} = \frac{128}{60} = 2.13$$

努力量の有効度によって，漁獲努力の集中パターンが判断される．

漁獲努力が密度の高い海域に集中	有効度＞ 1
漁獲努力が密度の低い海域に集中	有効度＜ 1
漁獲努力がランダムに分布	有効度＝ 1

　以下，漁場面積（資源の分布面積）が 100，漁獲量が 530，努力量が 100 において，区画を 4 分割して CPUE，資源量指数，有効漁獲努力量，漁獲努力量の有効度を計算した例を示す．

　まず表 2-6 に示した例では，CPUE の高い区画に漁獲努力が集中した結果，実際の努力量を有効漁獲努力量が大きく上回り，漁獲努力量の有効度が 1 を超えている．区画 A では漁獲のなかった操業（無効な漁獲努力）があったが，全体としては漁獲努力が密度の高い海域に集中していることがわかる．

表 2-6　計算例 2-1

	計	区画A	区画B	区画C	区画D
A（面積）	100	25	25	25	25
Y（漁獲量）	530	0	10	120	400
X（努力量）	100	10	10	30	50
CPUE	5.3	0	1	4	8
$\widetilde{P}$（指数）	325	0	25	100	200
$\widetilde{X}$（有効努力量）	163				
有効度	1.63				

　続いて表 2-7 の例では，CPUE が 0 もしくは低い区画に約半分の漁獲努力が行われたことにより，有効努力量が実際の努力量を下回り，漁獲努力量の有効度が 1 未満となった．

表 2-7　計算例 2-2

	計	区画A	区画B	区画C	区画D
A（面積）	100	25	25	25	25
Y（漁獲量）	530	0	10	120	400
X（努力量）	100	30	20	30	20
CPUE	5.3	0	0.5	4	20
$\tilde{P}$（指数）	613	0	12.5	100	500
$\tilde{X}$（有効努力量）	87				
有効度	0.87				

　表 2-8 の例は，各区画における漁獲努力量が計算例 2-1（表 2-6）とまったく同じである．しかし計算例 2-1 とは異なり，各区画の面積と努力量が同じ割合になっており，漁獲努力量の有効度が 1 と計算された．したがって，区画の面積に合わせて漁業者を配置したか，漁場全体に均等に計画的に操業したなど，漁獲努力に偏りがなかったものと判断される．

表 2-8　計算例 2-3

	計	区画A	区画B	区画C	区画D
A（面積）	100	10	10	30	50
Y（漁獲量）	530	0	10	120	400
X（努力量）	100	10	10	30	50
CPUE	5.3	0	1	4	8
$\tilde{P}$（指数）	530	0	10	120	400
$\tilde{X}$（有効努力量）	100				
有効度	1.00				

2-7　市場調査データから県農林統計へ

　通常，資源評価対象種であれば，月に一度主要漁港に出向き，水揚げされた漁獲物から，可能ならば銘柄別に，「適当」に抽出して，体長や体重，雌雄，成熟の有無など，その場で観察できる項目のデータを得て，その日・その漁業・その市場の銘柄別水揚げ量に引き伸ばし合計することで，その日その市場の代表値となる．漁獲尾数ならば，さらにその日の漁獲量をその月の漁獲量に引き伸ばし，その市場の漁業種類別漁獲重量（月）になる．

　資源評価調査においては，公式な統計である県農林統計の値に整合させながら，調査対象月もしくは年の年齢別漁獲尾数や，放流魚と天然魚の漁獲量・尾数を算出することが求められる．上記の市場での漁業種類別漁獲重量（月）は，おそらく一部の市場のみが調査対象となっているで

あろう．もちろん単純に足し合わせても県全体の値にはならず，引き伸ばしが必要となる．その際には，特に沿岸漁業資源については，県内の同質な海域でまずまとめて（漁業実態が異質な海域で区分して），それを足し合わせて県全体の値とすることが推奨される．そのような方法を比推定法（層化抽出）という．例えば総務省統計局が行う家計調査では，行政単位（都道府県・市町村）と地域によって全国をいくつかのブロックに分類し（層化），各層に調査地点を人口に応じて比例配分し，国勢調査における調査地域および住民基本台帳を利用して（二段），地点ごとに一定数のサンプル抽出を行うものである．これを層化二段無作為抽出法というが，市場調査と異なるのは抽出方法である．

　標本の選び出し方には，「無作為抽出法」と「有意抽出法」がある．

　無作為抽出法：母集団を構成する全個体のリストに一連の通し番号を付け，その中から，乱数表などによって得た乱数に従って調査対象を選ぶ．

　有意抽出法：「代表的」あるいは「典型的」と考えられる調査対象を抽出する方法．母集団のよい縮図となる標本を選べるが，主観的になる可能性がある．選ばれた標本が母集団のどのような部分を代表しているのか統計的に評価ができないといった問題がある．

　市場での標本抽出は，対象種を水揚げする市場の中から，水揚げ量が多く代表的な漁法を含むことを念頭に置いて行われ，これはなるべく母集団を代表するように標本を抽出しようとする有意抽出である．主たる漁場で多く漁獲する漁船を選んで測定するのは，理にかなっていると思われる．

　無作為抽出をする際に「乱数表」を用いる方法が広く利用され，統計学の教科書などにも書かれている．1950 〜 60 年代の水産研究所・試験場の市場調査は，無作為抽出を徹底するために，調査対象漁船を選ぶ際にも，魚の入っている箱を選ぶ際にも，乱数表を用いたそうだ．しかし，無作為にさえ抽出されていれば，必ずしも乱数を用いる必要はない．例えばシャーレの中の水に均質に浮遊している大量のプランクトンの個体数を数えるために，全体の 10% を選ぶときは，よくかき混ぜて 10% の分量を取ればよいのであって，10 個に分けてから乱数でどれにするかを決める必要はない．また，ランダムな順番で並べられている個体から標本を抽出するときも，乱数で標本を選ぶ必要はなく，最初の 10 個などルールを決めて抽出すれば，無作為抽出になる．もし，最初に並べられた個体と後のほうに並べられた個体で何らかの特性が違う可能性があれば，例えば，10 個おきに選ぶといった方法で抽出（系統抽出）すれば十分である．市場調査のデータを資源解析に用いようとする際，わざわざ乱数表を使わなくてはいけない場面は，実は多くない．また，厳密には無作為抽出になっていない場合でも，特殊な場合を除けば，抽出法の偏りによって生じる誤差は小さい．無作為抽出にこだわって時間をかけるならば，その時間でより多くの標本を測定すべきである．

　一色・片山（2008）[8] は比推定法（層化抽出）を用いて，1992 年から 2004 年にかけて神奈川県内におけるヒラメの放流魚・天然魚別の漁獲尾数・漁獲重量を推定した[*1]．比推定法（層化抽出）

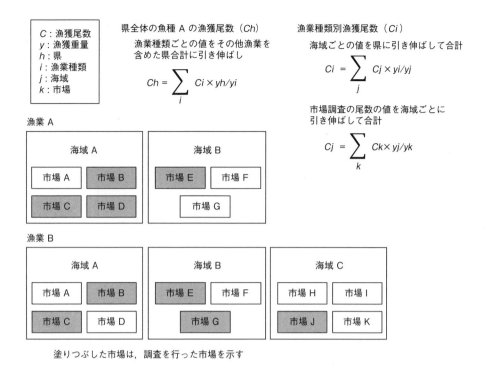

図 2-6 県単位で漁獲尾数を比推定法（層化抽出）で推定する考え方

の考え方を図 2-6 に示した．これは市場調査データを農林水産統計値で引き伸ばし，海域ごとの天然魚および放流魚の年齢別漁獲尾数を求めたものであるが，県内の東京湾内湾域，湾口域，相模湾という，海洋環境も漁業形態も異なる海域ごとに集計したのがキモである．その結果，東京内湾の漁獲尾数は 7 〜 36 千尾で，このうち放流魚は 3 〜 15 千尾，尾数混獲率は 25.9 〜 81.9％，回収率は 4.5 〜 12.5％（平均 7.2％）であったのに対し，相模湾・東京湾口域の漁獲尾数は 34 〜 83 千尾で，このうち放流魚は 3 〜 14 千尾，尾数混獲率は 8.1 〜 23.0％，回収率は 1.8 〜 9.7％（平均 5.0％）と推定された．県全体の尾数や混獲率の海域間の違いを示すことができた．

この調査結果から県全体の混獲率は 23.5％と推定された．この県全体の値についての精度を検討する．この調査期間の県内漁獲尾数は，おおよそ合計 100 千尾．各海域で毎月 100 尾，2,400 尾計測したとしても，抽出率は 2.4％と見積もられる．

標準誤差（95％信頼区間）は以下の式で得られる．

$$1.96 \times \sqrt{\frac{N-n}{N-1} \times \frac{p\,(1-p)}{n}}$$

N：母集団の大きさ, n：調査数, p：比率

---

*1 放流魚と天然魚の区別は 3-1（32 ページ）を参照.

標準誤差は 0.41 ％，信頼区間は 0.81 ％であった．真の値が 95 ％の確率で存在する範囲は 22.7 〜 24.3 ％と推定され，比較的高い精度で推定できたといえる．ちなみに測定尾数が 1/10 の 240 尾だと，標準誤差は 1.3 ％となる．

　コホート解析（VPA）で，年齢別漁獲尾数から資源量を推定する場合は，この漁獲尾数に対する測定尾数が 2 ％ならば，許容されるだろう．ただし，個体群を代表するような値を推定する場合，また後述の精密測定のデータから資源生態学的な推定値を得る場合は，抽出率を追求することは断念せざるを得ない．そもそも漁獲行為そのものが「狙い」操業であり，生物の個体群構造や分布様式をカバーするような無作為抽出もしくは層別抽出は不可能である．自らが測定した個体が，個体群や漁獲物を代表するような標本であるかどうかを判断できるような，資源生物を見るセンス，漁業の操業パターンを踏まえることができるかといった現場感覚が求められる．資源評価に用いるデータ取得（市場調査や精密測定）を，安易に外注するという事業・調査設計は注意が必要である．

コラム 4　平均の求め方

　小学校の算数の問題である．A さんが自宅から 4 km 先の B さんの家まで 1 時間かかった．平均時速は何キロでしょう？　答えは 4 km ／時である．

　実は，A さんは途中の公園で 30 分寄り道していて，公園から B さんの家まで走っていた．平均時速は 4 km ／時で変わりないだろうか．公園で遊んでいる間は，ほぼ止まっているとみなせるかもしれない．当然，公園から B さんの家までの速度は時速 4 km より速かったに違いない．そうだとしても，A さんが自宅から 4 km 先の B さんの家まで歩いたら 1 時間かかったのであれば，途中に何をしていても，平均時速は 4 km ／時であることに変わりはない．時速は，距離÷時間で計算される．出発から到着までの距離と時間を求めて平均時速を得る．

　では，話を漁業に戻す．ある日，ある海区にて漁船 A は，1 投網して 40 kg 漁獲した．CPUE は 40 kg ／投網である．同日同海区で操業した漁船 A と同様の船型，漁具を用いる漁船 B は，2 投網して合計 60 kg を漁獲した．CPUE は 30 kg ／投網である．この日，この海区で操業したのは漁船 A と B だけである．この日この海区の CPUE は，漁船 A の 40 kg ／投網と漁船 B の 30 kg ／投網であるが，海区全体の CPUE は 40 kg ／投網と 30 kg ／投網の平均値の 35 kg ／投網ではない．CPUE は漁獲量÷努力量である．漁船が何隻いても，この日この海区での漁獲量と努力量から CPUE を計算しなければいけない．漁獲量は 40 ＋ 60 ＝ 100 kg，努力量は 1 ＋ 2 ＝ 3 投網である．したがって，CPUE は

表　複数の漁船の情報から平均 CPUE を求める方法（例）

漁　船	漁獲量	努力量	CPUE
A	40	1	40
B	60	2	30
海区合計	100	3	100÷3＝33.3

33.3 kg／投網となる.

　このように，割り算で計算される指標の平均値については，計算方法が 2 種類あるので，都度注意して使用しなければならない.

コラム 5　ダッシュとハイフンと波ダッシュ

　英文の論文で，引用文献の頁範囲を示すとき，ダッシュではなく，ハイフンやマイナスを安易に用いているのをよく見かける. そもそも，ダッシュとハイフンは意味が全然違うし，ダッシュには 2 種類ある. 表にまとめる.

　波ダッシュ「〜」は和文専用の記号であり，英文原稿には不適当である. 一方和文においては，「22.7 〜 24.3％」のように，波ダッシュを用い，また％も全角とする. 和文論文タイトルに副題をつける場合があるが，その副題の前後には 2 倍ダッシュ「——」を用いる.

　ちなみに，理数系の授業で用いる代数に付ける「′」について，A′ をエーダッシュと呼んでいるが，本来はエープライムとのこと.

記号	名　　称	Unicode	意　　味
—	全角ダッシュ（EM ダッシュ）	U+2014	分離を表す
-	ハイフン	U+002d	単語を接続
−	マイナス	U+2212	数式の記号
–	EN ダッシュ	U+2013	範囲を示す
—	水平線	U+2015	
－	全角ハイフン	U+ff0d	長音符
ー	日本語伸ばし棒	U+ff0d	長音符
─	罫線記号の横棒	U+2500	

第3章　市場調査，精密測定

3-1　市場における魚体測定

　近年，都道府県の水産試験場職員も削減され，調査船や当業船の乗船調査や，水揚げ物の市場調査を行う回数が減っている．一方，沿岸資源管理のための資源評価の基礎データを多くの魚種について得る必要がある．水揚げ市場の水揚げ伝票も電子化が進み，日ごとに，漁船ごとの魚種別銘柄別の漁獲量が得られるため，kg／日隻の CPUE が精度高く計算できる．資源動向・資源水準を判断するだけなら，十分であろう．前述の資源診断・調査方法の「加入水準・再生産成功率で資源動向を半定量化」「%SPR の推定」「放流効果を含めた解析」「コホート解析」は，いずれも水揚げ物の魚体情報が不可欠となってくる．市場での測定は，体長（全長や尾叉長を含む，3-2 参照）が必須であり，可能ならば雌雄，放流魚かどうか，加えて大事なのは，現場感覚である．実は，資源動向や水準なら，市場に行くだけでわかる．市場職員や漁業者は，資源解析結果を待たずに，資源動向も水準もわかっている．加えて市場全体の雰囲気・活気，魚体の痩せ具合，水揚げ物以外の小型魚や未利用魚の魚種や量など，数字にはならない情報が，海の生態系，漁業学のうえではことさら重要である．また市場職員や漁業者との信頼関係という側面もある．県のある担当職員が漁業者に対し，いざ漁業管理の提案を行う際，朝から汗を流している職員とそうでない職員では，まったく説得力が違う．

　市場での魚体測定とは別に，標本を持ち帰って（購入して）研究室で測定することを精密測定という．調査船では，体長のみをパンチング（後述）で記録する作業と，一部を解剖して測定する作業が別にあるが，市場での測定や精密測定とはほぼ同様の位置づけである．市場での測定では，商品である魚に極力触れないようにしなければならないし，ましてや解剖することは不可能である．せいぜい体長を測ったのちに，雌雄の判別や放流魚の判別を行う程度，また標識の有無の確認などである．放流魚は，ヒラメの体色異常（人工種苗の多くは無眼側の一部が黒化する．逆に一部の個体においては有眼側の一部が白化する），マダイの鼻孔隔壁欠損（人工種苗の多くは前鼻孔と後鼻孔の間の隔皮が欠如し両鼻孔が連続する）で判別できる．年齢形質として耳石の採取は無理だが，鱗は得ることができる．鱗は，紙の束に挟んで持ち帰り，後にスライドグラスに貼り付けるという作業になる．

　市場での体長測定は，効率的にこなす必要がある．大量に体長を記録する場合は，パンチングを用いる．以前は記録用紙にセルロイド板を用いていたことから，セルロイド板穿孔体長測定といっていたが，現在は耐水紙を用いる．記録紙を体長測定板に貼り付け，その上に魚を置いて尾

叉や尾鰭先端に千枚通しのようなピンで孔を開けることによって体長を記録する方法である（図3-1）．他の魚の体長を記録した孔のすぐ近くに孔を開けると，あとで計数する際に数え間違えるおそれがある．耐水記録紙には，2.5 mm ごとまたは 5 mm ごとに罫線が引かれていることが多い．このときは，該当する枠の中に整然と穿孔していくとよい．体長が測定用紙より大きい魚の場合，測定用紙を測定板左端から 10 cm，20 cm とずらして貼りつけることもある．何 cm ずらして貼りつけたのかも記録する．

マグロ・カジキ類，サケ類等は大型のノギスで測定する（図3-2）．樹木の輪尺（樹木の直径を

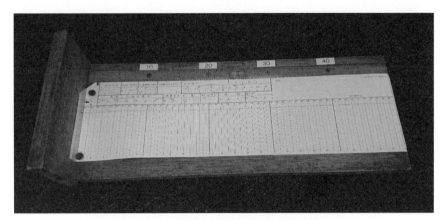

図 3-1　体長測定板と穿孔測定用紙（パンチング）

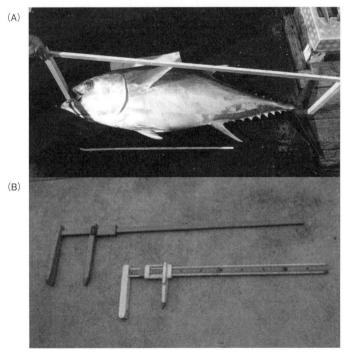

図 3-2　メバチ（A）と大型ノギス（B）（メバチ：撮影は水産研究・教育機構・岡本 慶氏．水産資源調査・評価推進委託事業で取得された）

測るノギス）が市販されているが，魚を計測しやすいように手作りの大型ノギスが用いられている．

　尾数が少なく，体重等も測定する場合は，パンチングを用いず，体長や体重を測る係とメモ係の 2 名体制で記録していく（図 3-3）.

　今後は，タブレットで撮影することで体長が自動的に測定され，そこに付随情報や魚体情報を

測定台帳

魚種：　　　　　　　　　船名：　　　　　　　　漁具：

場所：　　　N　　　　E　水深：　　　　　　m　水温：　　　　　℃

漁獲年月日：　　/　/　　測定年月日：　　/　/　　No.

No.	全長 TL(mm)	標準体長 SL(mm)	体重 BW(g)	内臓除去 GBW(g)	性別 Sex		生殖腺重量 GW(g)	肝臓重量 LW(g)	胃内容物重量 SCW(g)	年齢 Age	備考
1					♀	♂					
2					♀	♂					
3					♀	♂					
4					♀	♂					
5					♀	♂					
6					♀	♂					
7					♀	♂					
8					♀	♂					
9					♀	♂					
0					♀	♂					
1					♀	♂					
2					♀	♂					
3					♀	♂					
4					♀	♂					
5					♀	♂					
6					♀	♂					
7					♀	♂					
8					♀	♂					
9					♀	♂					
0					♀	♂					
1					♀	♂					
2					♀	♂					
3					♀	♂					
4					♀	♂					
5					♀	♂					
6					♀	♂					
7					♀	♂					
8					♀	♂					
9					♀	♂					
0					♀	♂					

測定者：　　　　　　　　　　　　

記帳者：　　　　　　　　　　　　

図 3-3　測定台帳の例
　　　　No. の列は，1 の位のみが印刷されている．10 の位以上は手書きで記入する．

タッチして入力すれば良いようなシステムになるかもしれない．IT技術としては，船上でデータを得て，リアルタイムで集計されて，日ごとにTAC計算ができるようにするアイディアがあるようだが，数字にならない情報をどのように取り込むことができるだろうか．魚体が痩せてきた，婚姻色が見られる，寄生虫がついている，見たことのない生物が混獲されている，雑種が混じっているなどの情報も，大変重要である．

3-2　測定部位

体長を測る際に，多少混乱する項目があるので，以下詳述する（図3-4）．

全長（TL：total length）：魚類学での魚体の計測は，二点間距離である．ノギスを使って，点と点の距離（point to point）の距離を測る（軟骨魚類では習慣的に投影法（側面像を用いて各部位を水平方向で測定する方法）が用いられる）．しかし，市場での測定も，精密測定も，通常は投影法で行われる．すなわち体軸に沿った水平距離である．標準体長や尾叉長は，二点間距離も水平距離も同じであるため問題ないが，全長は異なってくる．全長の定義は，「体の最前端から尾鰭の最後端までの長さ」であり，魚体の最前端（上下顎どちらでも可）より尾鰭の最後端（上下葉どちらでも可）までの長さである．正式な測り方は，上葉・下葉をすぼめて計測する．ただし，開閉不能な尾鰭では，正常な形に広げた尾鰭の後端と魚体の最前端との二点間距離を計測する．したがって，開閉不能な尾鰭をもつサバ科やアジ科魚類の現場での計測は，全長を用いないほうが無難である．

標準体長（SL：standard length，BL：body length）：吻端（上顎の先端）から脊柱の末端（下尾骨の後縁）までの長さである．カサゴ目，ハタ科，サンマ科，サヨリ科，トビウオ科，メダカ科の魚種のように下顎が上顎より前に出ている場合は，下顎は含めない．脊柱の末端は，尾鰭の基底でもあるので，尾鰭を強く曲げることによってできる折れ皺のところ，もしくは背骨の後端の

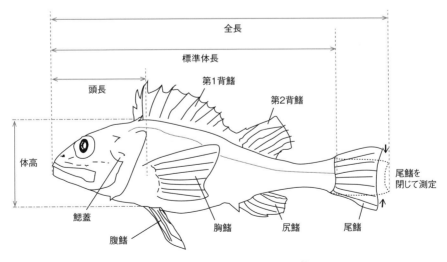

図3-4　代表的な測定部位（中屋・髙津（2019）[1] を改変）

表3-1 魚種ごとの測定部位

測定部位	魚　　種
全　　長	マアナゴ，キアンコウ，アカアマダイ，ヒラメ，カレイ類，ウマヅラハギ，トラフグ
標準体長	ニギス，イトヒキダラ，ホッケ，ハタハタ，イカナゴ
尾叉長	マアジ，マサバ・ゴマサバ，ニシン，ブリ，ムロアジ，サワラ，スケトウダラ，マダイ，キダイ，キンメダイ，マチ類，マグロ類，カツオ，サケ・マス類

段に刃物等をあてて測る.

　尾叉長（FL：fork length）：吻端から尾鰭が二叉する中央部の凹みの外縁（尾鰭湾入部の内縁中央部）までの長さである. ちなみに，マサバとゴマサバの種判別には，背鰭基底長が用いられ，第1背鰭の第1棘から第9棘の基底長と尾叉長の比率12%以上がマサバ，12%未満がゴマサバである. もちろんその背鰭基底長を測る際には，二点間距離を計測しなければならない.

　水産資源調査・評価推進事業（我が国周辺水産資源事業，国際漁業資源調査事業）の資源評価においては，表3-1のように魚種ごとに用いる部位が異なっている. 測定する際には，合わせておく必要がある.

　また，魚類学では通常計測しないが，水産資源調査・評価推進事業において慣用的に用いられているのは以下の部位である.

　被鱗体長（scaled body length）：マイワシ，カタクチイワシ，ウルメイワシ，マダラ. 被鱗体長とは，体の前端から，尾柄の鱗で覆われている部分の後端までの距離である. ほぼ標準体長と同等であるが，脊柱の末端が不明瞭であるため，明瞭に部位が特定できる鱗で覆われている部分の後端が用いられている. なお，マダラについては，尾叉長や全長を計測している場合もあり，その都度換算が必要である[2].

　眼後叉長（eye-fork length）：メカジキ等の上顎が著しく突出しているカジキ類においては，上顎が欠損していたり，漁獲の際に切り落とされたりするので，眼後叉長（眼球の後端から尾叉まで），もしくは下顎叉長（lower jaw-fork length，下顎前端から尾叉まで）が用いられる.

　肉体長（knob length）：サンマ. 下顎先端～尾柄肉質部末端.

　なお魚類以外の資源生物の体長組成や成長様式を示す際の測定部位は，水産資源調査・評価推進事業の資源評価対象種においては，表3-2のようになっている.

　なお資源評価対象種以外の生物や混獲生物についても，記録のために測定を要する場合があり，以下のような測定部位（図3-5）が用いられている（水産研究・教育機構　水産資源研究所，令和3年度地方公庁船によるかつお・まぐろ資源調査要綱および要領を参照）.

サメ類：　尾鰭前長（precaudal length）：吻端から尾鰭の付け根まで.

エイ類：　体盤長（disk length）：体盤部の長さ.

海鳥類：　翼長（chord length）：翼角から風切羽根の先端までの自然長（荷重等をかけていない自然状態の長さ）.

海亀類：　甲長（straight carapace length）：背甲の正中線上前縁から最後部まで.

また，上記以外の生物については，以下のような測定部位を用いるのが通例である．

タコ類： 全長（total length），外套長（mantle length）．

二枚貝： 殻長（shell length），殻高（shell height），殻幅（shell breadth）．

巻貝： 殻高（total height, shell length），殻径（maximum breadth, shell width）．

カサガイ：長径（shell length, major diameter），短径（shell width, minor diameter）．

ウニ類： 殻径（test diameter）．

表 3-2　海産生物種ごとの測定部位

測定部位	種　名
外套背長（mantle length）	スルメイカ，ケンサキイカ，ヤリイカ，コウイカ，ジンドウイカ
甲幅（carapace width）	ズワイガニ，ベニズワイガニ，ガザミ，ケガニ，タイワンガザミ
頭胸甲長（carapace length）	ホッコクアカエビ，クマエビ，イセエビ，クルマエビ，クロザコエビ，トゲザコエビ，ヨシエビ
全長（total length）	シャコ（頭胸甲前端から尾節後端まで）

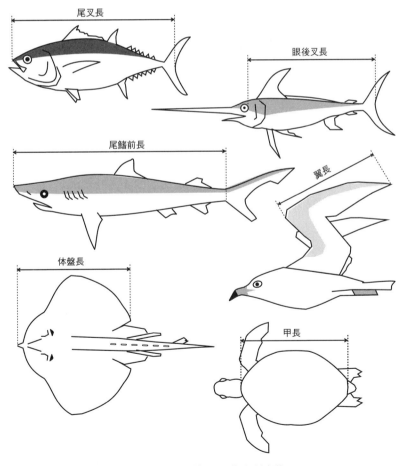

図 3-5　海洋生物種類別の体長測定部位

3-3　雌雄判別と成熟段階推定

3-3-1　性成熟に伴う外部形態の変化

　魚類においては, ほとんど浮魚では雌雄の生活史に差異がないが, 底魚では分布, 成長が雌雄間で異なっている場合が多い. したがって, 沿岸資源の漁獲物測定の際には雌雄判別が必要となる. 二次性徴がみられる魚種については, その形態的な違いによって雌雄を判別することができる. 二次性徴は性的二型とも呼ばれ, 雌雄異体の動物で, 雌雄の性を判別する基準となる形質のことをいう. 性成熟とともに生殖腺以外の部位の大きさや, 形態, 構造, 色彩などが雌雄間で異なる形質である. 表 3-3 や図 3-6 のような多様な部位に二次性徴が現れる.

　その他, 成熟雄の体型変化として特徴的なのは, サケの鼻曲がり, ヨウジウオの育児嚢, ダルマガレイ類の頭部突起がある. サケは, 雄の鼻曲がりだけでなく, 接岸し河川に遡上する数日前から雌雄を問わず鱗が皮膚内に埋没するようになる. これは表皮が肥厚するためである. 一方マコガレイについて, 雌の無眼側の触感はツルツルであるのに対して, 雄は明らかにザラザラである. これは鱗の形状に性的二型があることを示している[3].

　なお淡水魚では二次性徴として, 雄の魚体に追星という白色の瘤状小突起物が現れる. 皮細胞が異常に肥大・増成した二次性徴であり, 性ホルモンの分泌によって促進される. しかし追星というと, アユが縄張りを形成する際に雄個体の鰓蓋孔の後方にできる黄色い斑が呼ばれがちであるが, 本来の意味とは異なる.

表 3-3　魚類にみられる二次性徴の部位

二次性徴の部位	魚　種
交接器, 交尾器, 生殖突起	(雄)メダカ, メバル, カサゴ, ニギス, ネズッポ類, ギンポ類, (雌)タナゴ類
頭部	シイラ, コブダイ, ブダイ, タイ類, ウマヅラハギ
歯	メダカ, サケ・マス類, ギンポ類, ハゼ類
眼径	ニホンウナギ, マアナゴ, ウミヘビ類
追星	コイ, アユ, ハス, スズキ
背鰭	カワヤツメ, メダカ, エソ類, ネズッポ類, コチ類, ハゼ類, カワハギ
臀鰭	ネズッポ類, シラウオ, ウミタナゴ
鱗	シラウオ, シシャモ, マコガレイ
性的異色	チョウザメ, サケ・マス類, アユ, ニホンウナギ, コイ, トゲウオ, サンマ, メダカ, テンジクダイ, シイラ, タイ類, カワスズメ, ベラ類, ブダイ, ハゼ類, ギンポ類, ネズッポ類, カエルアンコウ, ベラ類, カレイ類

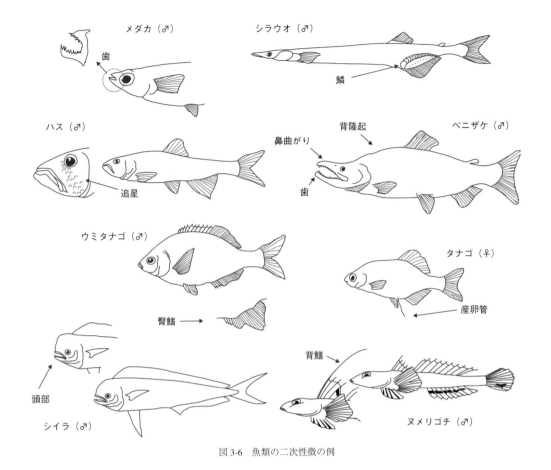

図 3-6　魚類の二次性徴の例

　このように，魚類には多様な二次性徴の現れ方があるが，交接器を除き，必ずしも直接繁殖に必要ではない形質（婚姻色，鰭の変形）であること，そして雄がほとんどである．二次性徴の発現は，一般に生存率を減少させる（エネルギーを使う，被食率が高まる）一方で，繁殖成功度は増加するとされる．哺乳類や鳥類でよく知られるように，雄に対する性選択が強く働くからである．雌は配偶子産生にエネルギーを投資したほうが，雄は，配偶子よりも番い形成努力にエネルギーを費やしたほうが，生涯繁殖成功度（適応度）が高くなる．雄は番う雌の数を最大にするために競争し，雌から選ばれるように二次性徴が現れるのである（性選択）．二次性徴は雌雄が対になって産卵行動を行う魚種に多く，回遊魚や群れで産卵する魚に少ないことは，その証左である．

3-3-2　未成魚の雌雄判別

　一般的には，生殖腺の外観から雌雄を判別する．卵巣は黄色・黄土色，精巣は白色を呈するのが一般的である．異体類（ヒラメ・カレイ類）の一部では，生殖腺の形状自体が大きく異なり，雌の卵巣は尾部側後方へ伸長しているのに対し，雄の精巣は腹腔後部に付着しているだけで伸長しない．このような生殖腺形状の雌雄差は孵化後半年くらいの未成熟な段階でも生じている．サ

ケ目魚類等の裸状の卵巣は，卵巣薄板が直接観察されるので判別が可能である．

　生殖腺が未発達で区別がつかない場合は，一部を切り出し，生物顕微鏡で観察する．球状の生殖細胞が見られれば雌である．特異な例を示す．図 3-7（口絵）は，ダイナンアナゴの生殖腺と組織切片像である．生殖腺の外観は，マダラの「白子」を想起させ，雄であろうと判断された．しかし組織切片の像を見ると，ほとんどが脂肪細胞である．生殖腺が白く見えた原因はこの脂肪であった．さらには，生殖腺の被膜付近には，卵黄胞が形成され始めている卵母細胞が散在している．すなわち雌の卵巣であった．このように生殖腺に多くの脂肪が蓄えられ，精巣のように見える卵巣を有するのは，マアナゴ，ダイナンアナゴ，クロアナゴを含むクロアナゴ属魚類に共通している．実は，これら日本周辺に生息するアナゴ類については，いまだ成熟個体が見つかっておらず，生活史の全体像が明らかになっていない[4,5]．

3-3-3　成熟段階判別

　成熟産卵については，魚類の調査研究では，比較的用語の使い方が生物学的なものと離れている傾向がある．

　成熟：生物学的には，受精可能な状態になることであり成熟分裂を指す．卵母細胞なら減数分裂が始まり胚胞移動・崩壊，そして第一極体を放出した時点（第一成熟分裂．なお第二極体は受精時に放出される），精母細胞なら精子変態した時点である．しかし，一般的な魚類調査においては，未成魚から成魚になり，ある程度生殖腺が発達した状態を指している．

　産卵：卵母細胞が濾胞細胞から脱落（排卵）し，受精能を獲得した卵母細胞が，卵黄薄板から卵巣腔または体腔中に離脱し，輸卵管（もしくは輸卵溝）を通って総排出孔から放卵されること，精母細胞（精子）が，輸精管を通って総排出孔から放精されることであり，厳密にいえば，放卵・放精である．しかし一般的に，雄も雌も，十分に発達した卵や精子を体外に放出することを産卵という．放卵・放精およびその準備行動を産卵行動と呼ばれる．なお，胎生魚（カダヤシ科，フサカサゴ科，ウミタナゴ科，ヨウジウオ科，ゲンゲ科魚類の一部）の場合は，孵化後の前期仔魚が生み出されるので，産卵ではなく産仔という言葉を用いる．

　無論，個体の成熟段階は，生殖腺の発達段階を基準にすることが基本となるが，営巣行動や二次性徴が用いられることもある．生殖腺の発育段階は，生殖腺の量的発達状態（GSI など：後述）もしくは質的な発達状態（生殖細胞の発達段階およびその組成）によって判断される．生殖細胞の発達段階は，雌の場合は卵母細胞径が一つの指標になるが，雌雄ともに組織学的観察によって，卵母細胞は核や仁，卵黄胞，卵黄球，油球，卵膜，精母細胞の核，細胞質の状態や，濾胞細胞・セルトリ細胞からの離脱をもとに判断される．

　排卵時には，卵母細胞の外観が大きく変化する．第一減数分裂時に吸水が生じ，濾胞細胞層が破れて，卵巣腔もしくは体腔に排卵される．その卵母細胞は，吸水卵，透明卵と呼ばれ，その有無は，まさに産卵直前の個体の確認に必要な観察事項であり，産卵期産卵場を特定するためにも重要である．

　また，産卵後の個体の卵巣には，残留卵（退行卵）が観察されることが多い．残留卵は濾胞細

胞によって再吸収されてしまうが，個体が産卵したことの証拠となり，産卵後の移動回遊過程の推定や経産魚の判別をする情報となる．

　なお1産卵期に複数回産卵するアユについては，組織切片をPAS染色を行うことによって，退行段階の異なる段階の排卵後濾胞を区別できるため，個体の経産回数が推定できる[6,7]．他魚種でも経産魚と未産魚の判別が可能であると思われる．

3-3-4　生殖腺の発育段階

　組織学的な観察によって，生殖腺に含まれる生殖細胞のなかで最も発達が進んだ成熟段階（MAGO：most advanced group of oocytes）を用いるのが通例である．

　卵形成（oogenesis）
　増殖期（proliferation stage）：有糸分裂で卵原細胞が増殖．
　成長期（growth stage）
　　第一次成長期＞染色仁期，周辺仁期（peri-nucleolus stage）
　　第二次成長期＞卵黄物質の蓄積
　　　卵黄胞期（yolk vesicle stage）
　　　卵黄球期（yolk globule stage）第一次（primary）：卵黄胞多い，第二次（secondary）：卵黄球多い，第三次（tertiary）：ほとんど卵黄球．
　成熟期（maturation stage, full-grown stage）：第一成熟分裂し成熟卵．

　精子形成（spermatogenesis）
　増殖期（spermatogonial proliferation stage）：有糸分裂で精原細胞が増殖．
　成熟分裂期（maturation stage）：成熟分裂で精細胞増殖．
　精子（変態）期（spermiogenesis）：精子変態で精子が形成．

　組織学的な観察ができない場合，もしくは魚体測定と同時にデータを得る場合に，肉眼で生殖腺の状態を観察して判断することになる（胎生魚を除く）．

　1産卵期1回産卵型は以下のように，ステージ分けが可能である（図3-8, 3-9：いずれも口絵）．1産卵期複数回産卵型では，放卵・放精後に，成熟期が継続されるか，再び発達前期・後期となる．

　未成熟期（immature）：生殖腺が紐状であり脊柱に付着している．卵巣は灰色，精巣は半透明．
　発達前期（developing）：生殖腺の長さが腹腔の1/2程度．実体顕微鏡下で卵粒が観察可能．
　発達後期（developed）：卵巣は橙色，精巣は白色．生殖腺の長さが腹腔の2/3程度．裸眼で卵粒が観察可能．
　成熟期（maturing）：腹腔を生殖腺が占める．腹腔を押すと精子が滲出．卵母細胞は透明卵．
　産卵期（spawning）：放卵・放精中．一部の精子，成熟卵が，生殖腺に残っている．

（産卵直後）(spent)：放卵・放精が終了し，生殖腺には生殖細胞がほとんど残っていない．

休止期（resting）：生殖腺が赤色・透明．残留卵が吸収中．

3-3-5　GSI

　産卵期を推定する場合，上記のような生殖腺の外部観察から，成熟段階組成を求めその季節的変化を調べるか，生殖腺重量の季節的変化を調べるのが一般的である．生殖腺重量指数（GSI）のピークから急激に低下する時期を産卵期であると判断する．1 回産卵型であっても多回産卵型であっても，可能ならば GSI の平均値ではなく，個体データをプロットした図で把握したい．

　なお GSI は，産卵期推定に加え，個体のエネルギー投資が，成長・栄養器官か再生産・繁殖器官かを季節的にスイッチする生活年周期の理解のためにも重要であり，その他の体器官の重量指数等も併用される．以下に整理する．

GSI（gonadosomatic index，生殖腺重量指数）：$GW \times 10^2 / BW$，$GW \times 10^2 / (BW-GW)$

HSI（hepatosomatic index，肝臓重量指数）：$HW \times 10^2 / BL$

FI（fat index，脂肪重量指数）：$FW \times 10^2 / BW$

SCI（stomach content index，消化管（胃）内容物重量指数）：$SCW \times 10^2 / BW$，$SCW \times 10^2 / (BW-SCW)$

CF（condition factor，肥満度）：$BW \times 10^5 / BL^3$，$(BW-GW) \times 10^5 / BL^3$

BL：体長，BW：体重，GW：生殖腺重量，HW：肝臓重量，FW：脂肪重量，SCW：消化管（胃）内容物重量

　GSI は，体重に対する重量％と，体重から生殖腺重量を引いた値に対する重量％があるので，魚種間で比較する際には注意が必要である．

3-3-6　性　比

　生物は，性比が種内でおよそ 1：1 の割合になるように性分化の機構を有している[9]．浮魚や回遊魚は，ほぼ雌雄が同じ群れを作り移動・回遊するので，性比は個体群としても 1：1 であるし，どの生活史の局面においても 1：1 である．しかし，雌雄で寿命が大きく異なる場合や，性転換をする場合は，個体群としての性比が偏る．底魚では，雌のほうが大型になり，高齢になる魚種が少なくないため，全体として雌の割合が高くなる．ただし，底魚のなかでも，縄張りを作るような魚種は，雄のほうが高齢・大型になるため，雄の割合が高くなる．

　また，雌雄で分布や行動が異なる魚種も散見される．サケ目魚類では，雌は全個体が降海するものの，雄では降海回遊個体と河川残留個体が混在する種が知られている．この場合河川には雄のみが分布することになる（魚種によっては，雌雄の生活史はさらに複雑であり，性比もこのようには単純ではない）．また雌雄ともに全個体が降海するような種においても，産卵期には雄が雌よりも先に河川に遡上し，産卵場で営巣し雌を待つ魚種が多い．同様の産卵期における雌雄別々

の行動は，ハゼ目魚類にも多く見られる．

　雌雄が分かれて分布する別のパターンとして，マアナゴがある．大陸棚のマアナゴは99％以上が雌である．孵化時や葉形仔魚として来遊するときには，性比はほぼ1：1なのであるが，内湾から大陸棚に移動する際に，雄が他の海域（産卵場）に移動すると考えられている（コラム8）．

　一方，初めから性比が偏っているのはニホンウナギである．天然個体においては，雄の数は雌の約2倍となっている．さらに養殖環境下では，9割以上が雄となる．

　性比が1：1かどうかを検定する場合，χ二乗検定を用いるのが通常である．

$$\chi^2 = \frac{(n_f - n'_f)^2}{n'_f} + \frac{(n_m - n'_m)^2}{n'_m}$$

n_f, n_m：標本中の雌雄の尾数，n'_f, n'_m：雌雄尾数の期待値

　またn尾の標本中の雌または雄の尾数の95％信頼区間は，以下の式で表される．

$$n\left(\frac{1}{2} \pm 0.98\right)/\sqrt{n}$$

もし雌27尾，雄17尾ならば，

$$\chi^2 = \frac{(27-22)^2}{22} + \frac{(17-22)^2}{22} = 2.27$$

$\chi^2(1, 0.05) = 3.84$なので，この例では，性比が1：1と有意に異なっているとはいえない．

3-3-7　性転換

　魚類では，雌雄異体魚種がほとんどであり，雌雄同体魚種は少ない[9]．雌雄異体魚種においても，種々の要因によって，遺伝的属性と生理的属性が一致しなくなることがある．雌雄同体魚種は，8目34科350〜400種にみられるとされる[10]．卵巣と精巣が同時に成熟する同時成熟型，はじめに卵巣が成熟して雌として機能し，その後卵巣が退化して精巣が分化，成熟し雄として機能する雌性先熟型，またその逆の雄性先熟型がある（表3-4）．またいずれの方向にも性転換できる

表3-4　性転換のタイプと魚種

性転換のタイプ	魚　種
雌性先熟	ベラ科，ブダイ科，キンチャクダイ科，ハタ科など
雄性先熟	コチ科，クマノミ類，タイ科 クロダイ等
双方向性転換	ハゼ科の数種

双方向性転換がある．なおニシンでは，同一個体に卵巣と精巣が存在する雌雄同体個体が出現し，その割合は万石浦系群では 1.25 ～ 9.52%（1980 ～ 1995 年），石狩湾系群では 1973 ～ 1979 年では 0.4 ～ 16.4% の頻度で出現した[11, 12]．なお石狩湾系群では，1972 年以前や 1980 ～ 2001 年はまったくみられないという[12]．

　雌性先熟は，サンゴ礁等において縄張りを形成する種にみられる．一方雄性先熟は，底魚で雄のほうが大型・高齢になる種が多いことと同様に，卵数を増大させる生活史戦略として理解できる．雄性先熟種には，クロダイやコチ科魚種など，漁獲対象の沿岸資源も含まれており，大型魚の選択漁獲や高い漁獲圧は雌不足につながるため，資源管理方策を考える上では考慮すべき事項となる．

3-4　食性解析

3-4-1　魚類の食性

　沿岸資源生物については，その食性に関する知見の蓄積が進んでいる．魚類の食性解析の方法であるが，直接摂食行動を観察できないことがほとんどなので，消化管（胃）内容物の調査に頼ることになる．魚類は実に多様な生物を捕食しているので，消化管内容物調査は骨の折れる作業である．ただ魚類はほとんどが肉食であり，摂食様式は，かじり取るのではなく丸呑みであるため，食物生物がそのまま胃に入ることから，どの種で，どの大きさ・重さの生物を，どのくらいの量食べたのかは，復元しやすいといえる．

　摂食様式を丸呑みと記したが，プランクトン食性，ベントス（底生生物）食性，魚食性の魚種がそれら食物生物を摂食する場合，まさに丸呑みである．プランクトンを鰓把で濾し取る（filter feeding），ベントスを吸い込む（suction feeding），魚を追いかける，もしくは待ち伏せして捕食する（ram feeding, lie-in-wait (ambush) predation）など，咽頭歯で潰すことがあっても食物生物はそのまま胃に送られる．一方，丸呑みではない摂食様式もある．腐肉食性でもあるアナゴ類やウツボ類は，丸呑みもするが，体を回転させてかじり取る摂食行動（spinning feeding）を行う．また，ヌタウナギ，ヤツメウナギは，顎がないかわりに多数の歯がある吸盤状の口でかじりついたり，体液を吸う．植食性とされるアユは，櫛状歯で底生珪藻を食む（scraping）．また海藻を食べるアイゴ，ニザダイ，クロダイといった魚種は，門歯（切歯）で海藻をかじり取る（grazing）．ブダイやチョウチョウウオ科魚類はサンゴを，イシダイやメジナは貝類を，かじり取って咽頭歯で砕いて飲み込む．丸呑みではない魚種の消化管内容物から食物生物を復元するのは難しいが，食性自体は推察可能である．

3-4-2　消化管（胃）内容物分析法

　消化管内容物分析には，いくつかの指標がある．
　①出現頻度法
　出現頻度（%）＝（ある食物生物を摂食していた個体数／調べた個体数）×100

沿岸魚種では，アミ類，オキアミ類が摂食されていることが多いが，計数に時間を要するので，精密測定時にデータを取る場合は結果的に出現頻度法になる．最も簡便であり，食性を把握するだけなら，出現頻度法で十分である．食性上の意味としては，遭遇度合いや環境中の availability を示す値である．

②個体数百分率法

個体数百分率（%）＝（消化管内に存在したある食物生物の個体数／消化管内に存在した食物生物の総個体数）×100

ベントス食性，魚食性の魚種では，食物生物の計数が可能であり，また消化が進んだ場合でも，数える食物生物の部位を決めて計数すれば，データを得ることができる．その個体がその食物生物に対して何回摂食行動を行ったかを示す値であるので，食物選択の解析に用いられる．

③重量百分率法

重量百分率（%）＝（消化管内に存在したある食物生物の重量／消化管内容物重量）×100

どのような食性の魚類であっても，その個体にとっての栄養的価値や生物生産への寄与度を評価する際に必要な値である．生物群集や生態系内での物質循環や生態系モデル[*1] のパラメータを得る際には，さらに炭素量やエネルギーに換算して用いることになる．

上記の個体数百分率（%），重量百分率（%）については，標本全体の値を求める際に，2つの方法がある．個体の値を平均して求める平均個体数百分率（%），平均重量百分率（%）が一つである．個体間のばらつきを調べる場合や，食物選択を解析する際には個体のデータが基になるものの，例えばある食物生物を 1 個体摂食していても，100 個体摂食していても，ともに 50%となることがあり，それを重み付けすることなく平均することは望ましくない．もう一つの方法は，標本全体のデータをプールするものである．10 尾調べたならば，それらの 10 尾のデータをまとめて，食物生物の個体数・重量／全食物生物の個体数・重量を計算する．一般的には後者の方法を用いるのが原則である．

④体積法

植物プランクトンや海藻を摂食している場合に用いられる．植物プランクトンの場合はその種の形状を直方体や円柱体に見立てて，一部の長さを測定し，体積に換算することで定量化する方法である．

⑤空胃率

文字通り消化管に食物生物が入っていない個体の割合であるが，調査対象魚種の生活年周期や生息海域の食物環境の評価に用いられる．

⑥ IRI 法

上記指標は，食性上の意味を有しつつも，一面的な指標でもある．そこで，このうち①～③の 3 つの指標を統合した IRI 法（食物重要度指数：index of relative importance[13,14]）が広く用いられている．消化管内容物の食物生物種別に個体数と重量を計数・計測しなければならないので，通

[*1] 生態系内の食物網の捕食・被食と主要生物の成長・死亡のデータ等に基づき，現存量，生産量，物質移動量を算出したり予測したりするモデル．

常の資源評価調査時には難しいが，食物網解析，場の評価といった課題の調査時には有用である．なお以下の式は，前述のように個体データの平均値を用いるのではなく，標本全体をプールして算出する．

$$\mathrm{IRI} = (N + W) \times F$$

$$\mathrm{IRI}_i(\%) = 100 \frac{(N_i + W_i)\,F_i}{\sum (N_i + W_i)\,F_i}$$

N：個体数百分率，W：重量百分率，F：出現頻度

また漁業の水揚げ物を標本に用いると，消化しにくい種のみが消化管に残ること，また食物生物の一部しか残っていないことも多い．消化の進行度合いによっては，無理に調査しないほうが無難である．また定置網の漁獲物を用いると，定置網生態系内での摂食結果が消化管内容物に反映されることもあるので，要注意である．

3-4-3　炭素窒素安定同位体比

近年，多用されている手法である．安定同位体とは，例えば炭素では ^{12}C（質量数 12）と ^{13}C（質量数 13）が安定同位体であり，^{14}C（質量数 14）が放射性同位体である．その安定同位体は自然界の中で微量の一定の割合で存在しているが，場所や条件などによって同位体の存在比率が変化する．例えば質量が軽いものから蒸発し，重いものから凝縮するという性質があるため，地球化学分野や生態系解析において近年標準的な手法になってきた．

図 3-10 は炭素窒素安定同位体比の分布図（CN プロット）に基づく一次生産者および栄養段階解析の模式図である．一次生産者の推定には，炭素安定同位体比（δ^{13}C）が有効な指標となる．有機物における炭素安定同位体比の特性としては，陸上・水中を問わず C3 植物（イネ，コムギなど）と C4 植物（トウモロコシやサトウキビなど）の違いが重要であり，前者は $-15 \sim -10$‰（‰：

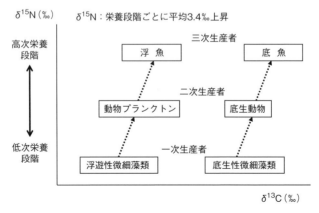

図 3-10　炭素窒素安定同位体比の分布図に基づく一次生産者および栄養段階解析の模式図

パーミルまたはプロミルという．1,000分の1を1とする単位で，0.1%のこと），後者は-30～-25‰が主な分布範囲である．また炭素安定同位体比は，植物の増殖速度や炭酸ガスの供給量にも影響を受ける．そのため海洋域の場合，植物プランクトンが-24～-18‰，付着珪藻などの底生微細藻類が-20～-10‰，海藻類が-27～-8‰，アマモなどの海草類が-15～-3‰というように，藻類の種類や生活型によっても値が大きく異なってくる．このように食物連鎖の出発点である一次生産者によって大きく炭素安定同位体比に差異があるので，ある生物の値を調べれば，食物起源が陸起源か海起源か，微細藻類が浮遊性か底生性かがおおまかに推定できることになる．

　これに対して，栄養段階の推定には，窒素安定同位体比（$\delta^{15}N$）がその指標となる．窒素安定同位体比は，炭素安定同位体比と異なり，食う食われるの関係を通して大きく増加する（図3-10）．これは，消化・同化という代謝の過程で同位体分別（質量の重い元素，すなわち^{14}Nよりも^{15}N，^{12}Cよりも^{13}Cがより多く体内に残されること）が起こり，栄養段階が1つ上がるたびに炭素安定同位体比では1～2‰，窒素では3～5‰増加する「濃縮」が行われるという現象である．この食う食われるによる安定同位体比の増加の度合は，「濃縮係数」や「同位体分別係数」と呼ばれている．炭素に比べて窒素安定同位体比の変化が大きいことから，窒素安定同位体比の濃縮係数を用いて，対象生物の栄養段階を算出することができる．この濃縮係数は，生物組織や食物の種類によって異なることが知られているが[15]，自然界における平均的な経験値である「3～5‰，平均3.4‰」が一般的に用いられている．

　このように，各生物種の食物起源・栄養段階を数字として表現することができ，複雑な食物網をわかりやすく表現することができる．また，炭素窒素安定同位体比からは摂取された食物ではなく，同化された食物が推定できる．消化管内容物の観察は採捕直前の食性が詳細にわかるが，同時に漁獲される魚を食べていたり，あるいは空胃だったりすることもある．一方，安定同位体比からは餌種やその組成を特定できないことが多いものの，常時捕食していた餌生物の情報が提供されることになり，海域での生物群集研究が大きく進展した．

　なお，海洋域での藻類の窒素安定同位体比は陸水の栄養塩の影響を大きく受け，特に沿岸域においては，地域差が大きい傾向がある．都市排水の流入を受けた内湾において高い．食物連鎖構造のみならず，海域の基礎生産者の特性も窒素安定同位体比に反映される可能性があるが，その事例を示す．図3-11は，日本沿岸各地のメバル類3種の炭素窒素安定同位体比・CNマップである．メバル類は沿岸域の岩礁域や藻場に生息する重要漁業資源であるが，メバル類3種（アカメバル，クロメバル，シロメバル）の生活史特性と食性を明らかにするために，仙台湾，志津川湾（宮城県），東京湾（神奈川県），若狭湾（福井県），燧灘（香川県），周防灘（山口県）の食性を比較した．メバル類はいずれの海域でも，ヨコエビ，ワレカラ等の甲殻類や，多毛類，介形類といった多様な食物生物を摂食しており，3種間で食性の違いは認められなかった．炭素窒素安定同位体比は種間よりも海域による違いが大きかった．周防灘では若干カイアシ類を多く摂食していたため，炭素安定同位体比$\delta^{13}C$が小さくなった（グラフの左側）．一方，東京湾では赤潮プランクトンの値が反映され大きな値となった．他の3海域では，底生微細藻類（主に底生珪藻）が食物起源となっていることが明らかとなった．窒素安定同位体比$\delta^{15}N$は，12の若狭湾から20付近

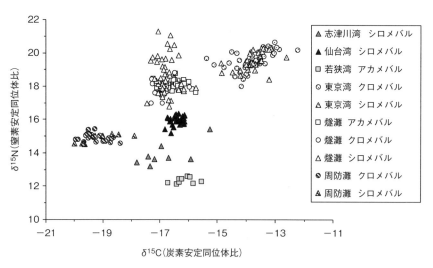

図 3-11　各海域におけるメバル類 3 種の炭素窒素安定同位体比

の東京湾まで幅広い値を示した．同じような食物段階にありながら，大きな海域間の差異である．溶存硝酸塩の $\delta^{15}N$ は，肥料や下水などの影響を受ける．そこで海域の N-NH$_4$（mg/L）濃度とメバルの $\delta^{15}N$ を比較したところ高い相関が認められた．海域における人為的な有機負荷（主に流域の人口や汚水処理など）が沿岸生物に反映する良い例であると思われる．

　通常は，生鮮もしくは冷凍の標本の筋肉部を用いる．分析時に脱脂処理を施すほか，甲殻類（動物プランクトンを含む）の場合は，殻をある程度除去するために，酸処理を行う．近年では炭素窒素のみならず，硫黄や酸素，アミノ酸（フェニルアラニン，グルタミン酸）の安定同位体も分析対象となっている．また硬組織の過去に形成された部分の試料も分析可能となり，過去の食生活を推定する手法も進展している．加えて，脂肪酸組成も生態系における物質の挙動解析に重要な情報を与えてくれる．

3-4-4　摂食量推定

　魚類の摂食量は，養殖や種苗生産現場で「飽食量」「投餌量」が重要なデータとなるが，天然海域においても，「食物不足かどうか」という食物環境の評価や群集解析の際に必要な情報となる．

　日間摂食量は，Elliott and Persson（1978）[16] のモデルが広く用いられている．

　これは，胃内食物生物量の日周変化と消化管内容物の減少係数（R）から，時間 0 から t 時までの摂餌量（C_t）が，以下の式で求められるというモデルである．

$$C_t = (S_t - S_0 e^{-Rt}) Rt / (1 - e^{-Rt})$$

S_0：$t=0$ 時の胃内容重量，S_t：t 時間後の胃内容重量

この式は以下の方法で求めることができる．減少係数 R は，別途飼育実験等で給餌せずに胃内容物の経時的変化を調べ，次式から導かれる．

$$S_t = S_0 e^{-Rt}$$

単位時間当たりの胃内容量（S）の変化量は，消化量が胃内容量に比例すると仮定すると，摂食量（F）と消化・排出量（$R \times S$，胃からなくなる量）の差として以下の式で表すことができる．

$$\frac{dS}{dt} = F - RS$$

以下展開する．

$$\frac{1}{F-RS} dS = dt$$

$$\int_0^t \frac{1}{(F-RS)} dS = \int_0^t dt$$

両辺に $-R$ を掛ける．

$$\int_0^t 1/(S-F/R) \, dS = \int_0^t -R dt$$

時間 0 から時間 t まで積分する．

$$\ln\left(S_t - \frac{F}{R}\right) - \ln\left(S_0 - \frac{F}{R}\right) = -Rt$$

$$\ln \frac{RS_t - F}{RS_0 - F} = -Rt$$

$$\frac{RS_t - F}{RS_0 - F} = e^{-Rt}$$

$$F(1 - e^{-Rt}) = RS_t - RS_0 e^{-Rt}$$

$$F = (S_t - S_0 e^{-Rt})R/(1 - e^{-Rt})$$

F は単位時間当たりの摂食量なので，時間 0 から t 時までの摂餌量（C_t）は，以下の式で求められる．

$$C_t = (S_t - S_0 e^{-Rt})Rt/(1 - e^{-Rt})$$

3-4 食性解析

49

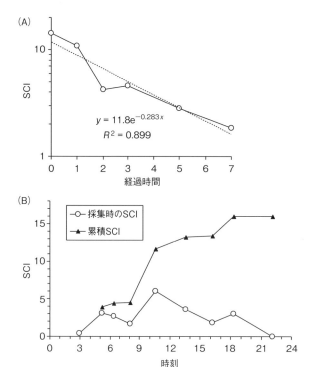

(A)

$y = 11.8e^{-0.283x}$
$R^2 = 0.899$

SCI

経過時間

(B)

- ○─ 採集時のSCI
- ▲─ 累積SCI

SCI

時刻

図 3-12　マダイ幼魚の飼育下における時間経過に伴う SCI（胃
　　　　内容物重量指数）の変化（A），および天然海域にお
　　　　ける採集時刻別 SCI と累計 SCI（B）

なお，消化・排出量は水温に大きく依存するので，厳密には減少速度 R を水温別に調べておく必要がある．

日摂食量の推定例を示す（図 3-12）．長崎県の志々伎湾におけるチダイ幼魚のデータ[17] を引用する．天然海域の各時刻での摂食量については，グラフから値を読み取った．したがって，論文で示されている計算結果と，ここで得られた結果が異なっていることをあらかじめ記しておく．また本論文では，消化管（胃）内容物重量指数を用いて，体重に対してどのくらいの重さの食物を摂食するかを計算しているが，摂食量の計算もまったく同じである．

当モデルを用いて，日摂食量を求めるには，24 時間にわたってほぼ一定時間おきに採集された個体の胃内容物重量のデータに加え，パラメータ R（胃内容物の減少速度）が必要である．本論文では，7 時間の絶食実験を行い，胃内容物重量指数（体重に占める消化管内容物の割合：SCI）の減少係数を求めた．実験開始時には SCI が 14 以上であったが，7 時間後には 2 以下に減少した．この減少の仕方は，胃内容物重量に比例する，すなわち Y 軸を対数にすると直線で表され，その傾きが R であり 0.283 と推定された．

当論文のフィールドデータは，1983 年 6 月に天然海域にて数時間間隔で採集されたチダイ幼魚（FL：6.7 ～ 9.4 cm，BW：8.9 ～ 12.2 g）のものである．胃内容物を計量し，SCI を求めた．調査時の SCI は，前回の調査との中間時で摂食したとしてプロットした．SCI は朝方，日中および夕方の 3 つのピークが見られ，夜間は大きく減少した．チダイ幼魚が日中に視覚で摂食することがうかがわれる．ちなみに食物としては，魚卵，多毛類，ワレカラ類，アミ類，ヨコエビ類が優占していた．各調査時の SCI は最大 7.2 であった．これらのデータを用いて Elliott and Persson（1978）[16] のモデルで計算したところ，累積 SCI は 16.0，すなわち体重の 16％を 1 日で摂食していたと推定された．

　生物種の寿命については2つの意味があり，老衰などの生理的原因によって死亡するまで続く個体の生存期間を示す生理学的寿命と，生物群集の種間関係や環境の影響を経て実現された寿命である生態学的寿命がある．

　資源学においては，この寿命を用いて，自然死亡係数 M を推定する田内・田中の式が有名である．「魚の生存曲線の型が魚種によらず一定である」という仮定から，「自然死亡係数は寿命の逆数に比例する」ことを図式化した．$M = 2.5/$寿命という単純な式であるが，5魚種のデータを用いて求めた比例式から導き出されたものである（図）．

　全減少係数 Z を自然死亡係数 M のみとすると寿命を迎える年齢 a における生残率 S は，$\exp(-2.5)S = \exp^{(-aM)}$ と表される．$M = 2.5/a$ を挿入すると，$S = \exp^{(-2.5)} = 0.082$ となり，生残率は0.082（死亡率0.918）と計算される．すなわち，寿命時にはほぼ全個体が死亡する結果となり，田内・田中の式は統計学的にも説得力があることを示している．

　特に漁業対象種において生理学的寿命を推定することは不可能に近い．得られる情報における最高年齢を寿命として用いてかまわない．

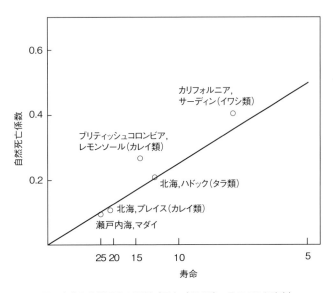

図　寿命と自然死亡の関係（田中（1960），図5.27を改変）

コラム 7　鰾（うきぶくろ）

　沿岸資源調査では，鰾を扱うことはほとんどない．ただ，計量魚探による調査の際には，魚種ごと・サイズごとにターゲット・ストレングス（TS：魚の 1 尾当たりの後方散乱強度）をあらかじめ計測しておく必要があり，その TS は鰾の形や大きさが反映する．

　一般的に，一部底魚と深海性浮魚に無鰾魚がみられると説明されている（『魚類解剖学』『魚学概論』）．具体的な魚種については，『魚類生理』が橋本・間庭（1957）を引用し，板鰓類，コシナガ，サワラ，ハガツオ，マンボウ，オニオコゼ，カサゴ，ソコイワシ，コバンザメ，イカナゴ，カレイ，ヒラメ，サバ類には鰾がないと記載されている．

　しかしそのサバ類について，東北大学農学部・海洋生物科学コースの学生実験（3 年生対象の魚類学実験）では毎年マサバを解剖しているが，鰾はある．不安になって，『魚類解剖大図鑑』の記載と写真で確認したところ，サバ科ではマサバ，カツオ，サワラ，クロマグロ，バショウカジキに鰾が存在するのである．

　海外の文献を調べてみたところ，Collette（1978）のレビューでは，*Scomber* 属ではタイセイヨウサバ *S. scombrus* のみ，*Thunnus* 属ではコシナガ *T. tonggol* のみが鰾をもたないことを紹介し，系統学的な関係はないとしている．Chanet and Guintard（2019）は，*S. scombrus* が同属の他の魚種より 3 倍ほど遊泳速度が高いことを示して，鰾がないことは遊泳能力と関係があると結んでいる．いずれにしても近縁の種において鰾という内部構造が明瞭に異なるということは珍しいのではないか．ちなみにタイセイヨウサバとマサバは外部形態の計数形質がオーバーラップしていて，種判別が非常に困難である．大量に輸入されているタイセイヨウサバを見分ける方法として，実は鰾の有無を調べることが最も簡便・正確なのかもしれない．

コラム 8　ここまでわかってきたマアナゴの生活史

　マアナゴは，北海道の南部から本州以南の日本各地の大陸棚から沿岸域，韓国，中国の沿岸から東シナ海の大陸棚にかけて分布している．「ノレソレ」と呼ばれるマアナゴの仔魚は，ウナギの仔魚同様に，親からは想像のできない柳の葉のような形をした透明な体をしているために，葉形仔魚（レプトセファルス）といわれる．仔魚は底生生活に移行する際に，透明で平たかった体が円筒形になり，肛門の位置が前方に移動し，若干体長が縮む「変態」を行う．着底は内湾か砂浜浅海域の水深数 m から 10 数 m の浅い砂泥域で，内湾ではその場が漁場となるが，砂浜浅海域では若干深部に移動して大陸棚上が漁場となる．

　主に 6 ～ 9 月に孵化し，11 ～ 5 月に沿岸域に来遊した葉形仔魚が，何歳で漁獲に

加入し，どの大きさに成長して何歳まで漁獲されるのか，実はよくわかっていなかった．近年，マアナゴの耳石を用いた Burnt otolith の UV 観察法や耳石薄片エッチング処理法といった年齢査定法が開発され，各水域の年齢組成や成長過程の研究が進展した（Katayama et al., 2004，片山，2010）．

　それらの研究結果をまとめると，東京湾，伊勢三河湾，瀬戸内海などの内湾では 0 歳〜1 歳（通例，着底した年の個体を 0 歳魚としている）が主体で，体長 40 cm を超えるような 2 歳以上の個体が非常に少ない．これに対して，大陸棚の仙台湾・常磐海域，対馬周辺や山陰沖では，体長 30 〜 80 cm の年齢 1 歳〜 4 歳の個体が主体である．内湾域に着底したマアナゴは，1 歳〜 2 歳の水温が下がる秋冬期に，外海に移出するという移動パターンを経て，大陸棚に生息するようになると推察されている（片山，2019）．

　ここで注目すべきは，雌雄比である．沿岸に来遊した葉形仔魚を飼育すると，その後成長した個体の雌雄比は，約 1 対 1 もしくは若干雄に偏る割合になる．内湾のマアナゴも同様である．しかし，大陸棚上に生息するマアナゴは，いずれの海域においても 99％ 以上が雌である．マアナゴは雌雄がほぼ半々で来遊し着底した後，雌雄が異なる分布域や移動様式を有しているのである．すなわち，雄は 2 歳になるまでに内湾から移出し，そのまま南方の産卵海域に向かうのに対し，雌は内湾から移出した後も，さらに大陸棚に留まって数年生息するのである．さらに重要なのは，先に少し触れたが，雄にしても雌にしても成熟個体は 1 尾も見つかっていないことである．大型の個体を解剖すると，白く大きく膨れた「白子」様の生殖腺がみられる．しかしその組織切片を観察すると，ほとんどが脂肪細胞で，未熟な卵母細胞が少し分布していることがわかる（口絵（図 3-7）のダイナンアナゴと同様）．すなわち雌の未成魚なのである．これまでマアナゴの産卵場・産卵期は，生活史研究の中で最も情報が乏しい課題であり，産卵場は，日本列島沿岸ではなく南方海域であろうと推察されていた．しかし，黒木らの調査研究によって最近ほぼ解明した．マアナゴは沖ノ鳥島南方約 380 km 南のパラオ海嶺上周辺（産卵水深等は不明）で産卵することが明らかとなった（Kurogi et al., 2012，黒木，2019）．

第4章　年齢分解・年齢査定

4-1　体長組成法

　沿岸資源の調査研究において，年齢と体長の関係，すなわち成長に関する生態情報は必須である．年齢がわかればその組成を調べることで，どの年に生まれた群（年級群）が多いか，どのような環境のときにその資源は増えるのか減るのかを解析することができる．年齢組成から推定される年級豊度のデータは，資源解析の基本である．

　体長組成法は，多峰型分布をする体長組成から年齢分解を行い，成長解析を行うものである．簡便であり，特に年齢査定が困難な熱帯地方の魚やマイナーな資源には広く用いられている．

　体長階級の階級幅であるが，度数分布表を作成する際の手順としては，体長範囲 R（BL_{max}－BL_{min}）を 10 ～ 20 の適当な数で割るといった一般的なルールがある[1]．群の統計量（平均値・モード・中央値，ばらつき・変動，歪み，尖り）を調べるには，そのくらいの階級数が必要だからである．しかし，実際にはそれよりも少ないのが通常であるし，大型魚には 5 とか 10 cm といった体長の区切りを用いており，体長範囲に合わせて，その都度階級幅を設定するのは，混乱のもとである．一方，複数の年齢群で構成されているサンプルならば，階級数は 20 とか 30 に増やす必要がある．

　体長組成に年齢群・正規分布を当てはめる方法としては，Hasselblad の方法[2-4] がよく用いられる．東南アジアでは，体長組成を用いた年齢組成分解等の手法は，FAO が提供する FiSAT II，および同様の手法を R で計算する TropFishR で計算される．体長組成分解法は Bhattacharya's method[5] が広く用いられる．また，月別の体長組成の変化から成長曲線のパラメータを推定する ELEFAN[5] も広く使われている．熱帯地方では年齢査定が難しいこともあり，体長組成に基づく様々な方法が提案されている[6-8]．

　ただし，いずれの手法においても，漁具の選択性や回遊によって偏った標本が得られる場合，産卵期が著しく長かったり年に 2 回ある場合など，推定精度に問題があったり，誤った推定をするケースもある．成長の良い若齢魚の年齢分解や，卓越年級群が出現していると当てはめやすいが，高齢魚は成長が悪く，年級群間で体長が重なっているだけでなく，個体数も少ないため精度が落ちる．注意が必要である．

4-2　年齢形質を用いた年齢査定法

4-2-1　耳石の有用性

　年齢形質を用いた年齢査定は，個体レベルで年齢情報が得られるため，資源解析や資源生態研究においては，必須の作業となる．成長解析のみならず，加入（資源加入，漁獲加入）年齢，成熟年齢の推定に用いられる[9]．

　魚には年輪が形成される，耳石，鱗，脊椎骨，棘（鰭条），鰓蓋骨といった年齢形質がある．鱗はサバ類，サケ科，マイワシ，コイ・フナ類，ボラ，脊椎骨はアンコウ・キアンコウ，鰭条・棘はコイ・フナ類，ナマズ類，鰓蓋骨はウグイ・マルタ，カラシン類で用いられている．しかし，これらは生体時における再吸収が生じる組織である．また鱗については再生鱗（後述）もしばしばみられるという点で，年齢形質としての弱点がある．したがって保存性の高さや年輪構造の安定的な形成において耳石は群を抜いて優れた年齢形質であるといえる．

　鱗は，コラーゲン繊維，有機物質からなる骨基質，リン酸カルシウム結晶で構成されるが，鱗の上面にある骨芽細胞から骨基質が分泌されて隆起線が形成される．その隆起線の間隔が変化したり，不連続になることが，生活年周期に沿って生じるため，一部の魚種では年齢査定が可能となる．しかし鱗を用いた年齢査定が可能な魚種でも，鱗が剥がれやすいニシン目のマイワシ等では，捕食者（魚食性魚類や海鳥など）に襲われたときなどに鱗が剥がれる．その後，再生する鱗が再生鱗と呼ばれる．再生鱗を用いて年齢査定すると年齢を過少評価してしまうので，注意が必要である．

　耳石の年輪とは，扁平石に形成される1年に1本形成される輪紋構造である．輪紋とは，耳石を水等に浸漬し背景を暗くして実体顕微鏡（落射光）で観察すると明るく白く見える不透明帯，あるいは背景の暗さが透けて見えるため暗く見える透明帯のことである．光学顕微鏡（透過光）では逆に，透明帯は光の透過性が高く明るく見え，不透明帯は暗く見える．

　耳石輪紋の観察方法としては，表面観察法，薄片法，加熱した耳石断面を蛍光観察する方法（Burnt otolith UV観察法）に加え，加熱して割るか研磨し断面を観察する方法，薄片を染色液（トルイジンブルー，メチレンブルー，アリザリンレッドSなど）で染色する方法等がある．

　一般的な表面観察法と薄片法による観察像を比較すると，表面観察法でも容易に査定できる個体も少なくない．しかし，高齢になると耳石が厚くなり，輪紋が見にくくなること，また高齢時は成長速度が遅く，輪紋の間隔が狭くなり不明瞭になる種が多くみられる．そこで高齢魚や耳石が厚い魚種でも年輪構造を観察するために，耳石を薄くスライスして，生物顕微鏡（透過光）で観察する方法が薄片法である．耳石薄片を作成するためには，樹脂に包埋してから，硬組織切断機というダイヤモンドソーを用いる必要がある．

4-2-2　耳石不透明帯とは

　年齢を査定する際には，透明帯，不透明帯を数える．しかし，生活年周期のなかで，どのタイ

ミングで透明帯，不透明帯が形成されるのかがわからないと，単純に数えるだけでは査定できない．Katayama（2018）[10] は，構造的および生物学的な特徴をもとに，4種類の不透明帯に分類し，生活年周期との関連を整理している．

　Type A：耳石中心部および若齢時の主に体成長の良いときに形成される不透明度の濃い帯．表面観察法で観察し得る「古典的な」不透明帯である．

　Type B：複数の皺状構造の集まりが構成され，産卵期といった成長停滞期を中心に形成される．薄片を詳細に観察すると，この不透明帯は耳石の結晶が不連続になっていることで皺状構造となっていることがわかる．不透明帯の内縁（透明帯と不透明帯の境界付近）では，それまで耳石は伸長していたが肥厚する方向に成長する．そして，再度伸長する方向に変化するあたりに不透明帯が形成される．

　Type C：結晶構造の明瞭な変化を伴わない墨彩状の帯で，マアジ，アカアマダイ，イサキ等にみられる．この構造についての生態学的な解釈はまだできていない．

　Type D：主に産卵期に形成される深い溝のチェック構造で，Type B よりも明瞭な結晶の不連続な構造が観察される．産卵など生活史イベントの際や大きなストレスで形成される．

　これら4型は生活史の中で異なる時期に形成される輪紋であり，薄片法によって構造の詳細を観察して年齢査定を行う必要がある．

4-2-3　疑年輪

　魚類資源の調査を担っている多くの調査員，研究者は，年齢査定時に迷うことが頻繁にあり，面倒な作業というイメージをもってしまう．それは年齢の読み方，すなわち年輪を判別する基準がないからである．上記の4タイプの不透明帯の理解が，年輪の判別基準の一助になると思っているが，年輪が不明瞭であったり，疑年輪（偽年輪とも書く）が形成されていることは実によくある．透明帯，不透明帯を含む耳石の輪紋は，環境の季節的変化や，それに伴う生活年周期のみならず，種々の要因で形成される．1年に1本，季節的に同調的（個体群内で）に形成されるのが年輪であるが，それ以外の輪紋構造は疑年輪である．

　年輪と疑年輪をどのように見分けるのか．ポイントは年周期である．産卵期に形成されるType B の周辺では，耳石成長の方向が変化することが多い．これは耳石の伸長と肥厚が入れ替わることによるが，生活年周期が耳石成長方向に反映されたのであり，産卵期の構造を見極める基準となる．年周期に伴わない疑年輪には，耳石成長の方向は変化しない．表面観察法ではこの耳石成長方向を知ることはできないが，薄片法で微細な構造を観察することによって，年輪と疑年輪を判別することが可能である[9]．

　なお，年齢を査定してそれを記載する際の注意事項を記す．

　TypeB の不透明帯は，産卵期に形成されることがほとんどであるが，耳石の輪紋形成には個体差があるので，図4-1（口絵）のように産卵期前後では，2種類の透明帯が縁辺に形成されている場合がある．すなわち，でき終わりの透明帯とでき始めの透明帯である．例えば図4-1の3個体は，同じ採集日の同じ年級群である．年齢起算日からは3.1歳（3+ 歳）と査定されるが，A，B，

C 個体の年齢査定時の縁辺の記載は，各々第 3 透明帯，第 3 不透明帯，第 4 透明帯となる．不透明帯の内縁が 12 ヶ月の単位であるので，これらを機械的に年齢に換算したら，A が 2+，B と C が 3+ と判断されてしまう．そこで，でき始めなら +，でき終わりなら ++ として記載することを推奨する．今回のケースなら 3T++，3O，4T+ である．そうすれば間違えることなく同じ年齢群として扱うことができる．

4-2-4　縁辺成長率を用いた年齢形質の妥当性の検討

　年齢形質によっては頻繁に疑年輪が生じたり，そもそも年輪と思われる輪紋が年齢を表していない可能性もある．年輪の形成時期を明らかにし，1 年に 1 本形成されることを証明するために，縁辺成長率を用いて年齢形質の妥当性を検討することがある．

　縁辺成長率（MGR）とは，年齢形質である鱗，耳石などの縁辺（R）から最外輪紋（R_n）までの距離（$R-R_n$）を，最外輪紋とそれより 1 つ内側の輪紋（R_n-R_{n-1}）間の距離で除した値である．この値が小さいほど最外輪紋が形成された直後と判断できる．

$$\text{MGR} = \frac{R-R_n}{R_n-R_{n-1}}$$

　毎月標本を収集して平均 MGR を算出すると，年輪が形成される月の MGR は 0 に近くなり，それ以降，翌年の年輪形成月に向けて大きくなることが想定される．実際には，年輪が形成されてから読輪が可能になるまでの時間差や，年輪形成月の個体差から，必ずしも明瞭な関係が観察されないこともあるが，MGR が他の月よりも明らかに小さい月が年に一度存在すれば，年輪形成月であろうと推定することができる[11]．

4-2-5　輪紋数と採集日を用いた年齢査定

　他の年齢形質を用いる場合等，耳石薄片法のような詳細な計測が不可能な場合も少なくない．例えば，ハクジラ類の年齢査定の場合，標本は漂着した個体から偶発的に入手することになる．歯の薄片標本から年輪数を計数するが，常に同じ部位から年輪が明瞭に計数できるわけではないので，MGR 法が使用できない．

　この場合，年輪が形成される年齢起算日 d_s を仮定し，採集日と d_s の関係から，実数で表現する年齢 t_i（例えば 2.3 歳）を以下の式から計算する．

$$t_i = \begin{cases} n + d_i - d_s + 1 & \text{for } d_s \geq d_i \\ n + d_i - d_s & \text{for } d_s < d_i \end{cases}$$

ここで，n は年輪数である．設定した年齢起算日 $\hat{d}_s$ が実際の年輪形成日 d_s と異なる場合，年齢が誤って推定され，年齢と体長の関係が不明確となる（図 4-2（A））．$\hat{d}_s$ が d_s に等しい場合は，年齢と体長は明瞭な関係になる（図 4-2（B））．成長が速い若齢標本のみを用いて，年齢と体長の相関係数が最も高くなる $\hat{d}_s$（$0 \leq \hat{d}_s < 1$）を非線形最適化法で求め，それを式に代入して用いれば，

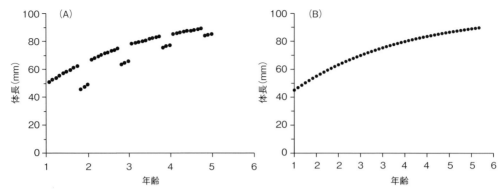

図4-2　年齢起算日と体長の関係（成長曲線はベルタランフィーの成長式による，$L_\infty = 100$，$k = 0.4$，$t_0 = -0.5$，パラメータの説明等は次章）
（A）：$\hat{d}_s$ が実際の年輪形成日と異なる場合．実際の年輪形成日 d_i（例：10月）が年齢起算日（例：1月）の2月前の場合，もし10月に採集された年輪1本の個体は，1.8歳と査定されてしまうが，実際は1.0歳である．
（B）：$\hat{d}_s$ が実際の年輪形成日に等しい場合．

年齢起算日を考慮した年齢 t_i が推定される．具体的にはエクセルのソルバーアドインを用いるのが手軽であるが，$\hat{d}_s$ が採集日をまたがないと相関係数は変化しないので，通常の連続関数の非線形計画法では正しく計算されない．ソルバーの「解決方法の選択」というオプションの中から「エボリューショナリー」を選択すると，解を探索するのが難しい状況でも正しい解を見つける可能性が高い遺伝的アルゴリズムという方法が適用され，多くの場合正しく計算される[12]．

コラム 9　キーストーン種とキー種とは

　キーストーン種（keystone species）とは，要石に由来する．石の橋を安定させるために，頂上に打ち込む楔状の石のこと．これがなければ橋全体が崩壊すると同時に，生物1種が生物群集の群集と多様性に大きな働きをしていることを意味している．

　この語は，ヒトデ psaster に用いられたのが初めであるとされる（Paine, 1966）．最上位の消費者であるヒトデを除去すると，ヒトデに捕食されていた岩礁の付着動物の個体数が増加するが，それら付着動物間での競争が激しくなるため，生態系内の生物の種類数は減少することが示された．

　キーストーン種の種名は公式に規定されているわけではないが，一般的に beavers, African elephants, gopher tortoises, grizzly bears, mountain lions, prairie dogs, sea otters, sea stars, gray wolves 等がリストされている．このように今では，当初の定義からは拡張されて用いられている．この拡大利用に対しては「現存量に比較して，大きな影響力をもつ種」（Power et al., 1996）という限定した定義を与えることによって，生態的優占種（ecological dominants）を除外できる．

　キーストーン種よりも，実践的な生態系保全方策の中で用いられているのがアンブレラ種である．アンブレラ種が生育できる環境を保全すれば，同時に，同じ傘のなかにいる多くの種も保護することができるという意味をもつ．例えば，Northern spotted owls and old-growth forest, bay checkerspot butterfly and grasslands, Amur tigers in the Russian Far East, right whales, giant pandas がそれに当たる.

　似た語句に key species（キー種，鍵種）がある．生態系に大きな影響を与える種として wedge shell（*Macomona liliana*），horse mussel（*Atrina zelandica*），burrowing shrimp（*Callianassa filholi*）が示されている（Nicholls, 2002）．わが国では，鍵種とは「生態系の機能にとって重要な役割を果たす生物種または生物群である」として，カイアシ類，オキアミ類が挙げられた（浜崎ら，2013）．これらの例をみると，生態系物質循環の中での役割が大きい上記の生態的優占種を鍵種と呼んでいるように思われる.

コラム **10**　／　卵の形

　卵巣内の卵母細胞について，その卵径を計測し卵径組成を解析することで，個体の成熟段階やその種の成熟産卵様式を推定することができる．私たちは，卵の形を気にすることはない．ほとんど魚類の卵や卵母細胞は球形であるため，卵径を計測する際に迷うことがないのである.

　そもそも生物の卵の形の分類としては，卵形，洋梨形，円形，楕円形がある．卵形は，ニワトリに代表されるとても馴染みの深い形である．海鳥のウミガラスやウミスズメは洋梨形である．ともに，重要な戦略的な機能形態といえる．緩やかな斜面に卵を置くと，卵の尖った方（尖端側）が斜面の上に向き，丸い方（鈍端側）が下に向くような状態で静止するのである．産んだ卵が遠くへ転がらないような形態になっているのである．一方，円形や楕円形の場合，静止しない．平原で産卵するダチョウは楕円形，巣を作って産むカモメ，カツオドリ，さらにはウミガメも円形である（西山，2021）.

　魚類の卵数・卵サイズの特徴を一言でいえば「小卵多産」である．生物の中では典型的な TypeIII，r 選択，高い初期死亡率の生物群である．多産のためには，円形が望ましく，ほとんど魚類の卵は球形であることは納得がいく．一方，『日本産稚魚図鑑』に整理されている卵の特徴をみると，311 種中 301 種が円形（真球形）で，楕円形なのは以下の 10 魚種のみである.

ニシン目 ……………… カタクチイワシ
アシロ目 …………… カクレウオ，イタチウオ
アンコウ目 ……… キアンコウ，カエルアンコウ，ハナオコゼ
ブダイ科 …………… アオブダイ
フサカサゴ科 ……… キチジ
ハコフグ科 ………… クロハコフグ，ウミスズメ

　これらの中でアンコウ目の魚種については，種々の画像をみると円形であると思われる．イタチウオ，キチジは，ともに卵塊として産卵する魚である．またキチジやハ

コフグの卵は，長軸と卵軸の長さの差異はわずかであり，卵形に近い楕円形であると
いえる．一方カタクチイワシは，短軸約 0.6 mm，長軸 0.8 mmであり，明らかな楕円
形である．魚類全体を見回しても「異質」な卵といえよう．楕円形であると捕食圧を
減少させる効果があり，「カタクチイワシは，卵の形を変えることによって，産み出
す卵の数は減ったが，そのぶん，個々の卵が生き残る確率を高めた」という説もある．
しかし，はたして捕食者との関係だけで，楕円形を説明できるかどうか．なぜニシン
目の中でもカタクチイワシだけなのか．筆者はまだ解釈できていない．

　ちなみに，ハコフグ科のウミスズメも鳥類のウミスズメも，楕円形，洋梨形の卵を
産む．偶然とはいえ興味深い．

第5章　成長解析

5-1　年齢・体長関係

　個体ごとに年齢査定した結果を取りまとめる際には，まず年齢起算日を設定する必要がある．孵化日の中央値にしたいところであるが，漁獲物を中心にデータを集めていることが多いので，仔稚魚の採集調査結果から，孵化日を推定できる魚種は限られているだろう．したがって，精密測定で調べられた GSI の季節的変化から推定された．産卵盛期が3月なら4月1日に設定することになる．

　日本列島周辺の海産魚類の最大年齢は1年以上であることがほとんどであり，しかも生活史に季節性があり，年齢群，年級群という1年単位のコホート（発生群）として扱うことが可能である．

　資源学の分野では，特に年齢群の表し方として，1歳（1.0 歳以上 2.0 歳未満）ならば 1+ 歳と表記する．1プラス歳と呼んだりするが，コホート解析や ALK（Age-length Key）解析等で，ある年齢以上をひとまとめにして扱う「プラスグループ」と混同しないようにしたい．

　例えば「1歳で成熟する」「成熟年齢，産卵年齢は1歳」ならば，1+ 歳で生殖腺が発達し始め産卵することを示しているので問題ない．一方，種苗生産の現場では「1歳魚を用いた採卵」という言い方をする．これは 1+ 歳ではなく 0+ 歳のいわば 1.0 歳の親魚を指している．またサケでも産卵群の年齢を4年魚などと呼ぶが，これは例えば 2020 年秋の産卵群ならば，2016 年の年末に孵化，2017 年春に降海し，約 3.8 歳で産卵のために回帰してきた個体のことである．このような年齢の示し方が数え年に由来するのかどうか不明であるが，資源学，資源生態学の年齢とは異なっている．注意が必要である．

5-2　成長式

　成長式とは，個体または個体群平均と年齢と体長（または体重）の関係を示す理論式である．理論式を当てはめてその形を決定する変数（パラメータ）を推定することによって，成長をいくつかの数値で要約することができるため，成長の記述に広く用いられる．一方で，同じ種，個体群に属する魚でも，成長の個体差が大きいことを念頭に置いて使用する必要がある．

5-2-1　ベルタランフィーの成長式

　水産生物に適用する成長式にはいくつかあるが，ベルタランフィーの成長式（von Bertalanffy

growth function：VBGF)[1] が用いられる場合が多い．von Bertalanffy's growth curve（VBGC）と記載されることもある．VBGF を使用する利点は，パラメータが少なく，計算しやすいことに加え，世界中で汎用されていることである．例えば，魚種別情報の世界的データベースである fishbase（https://www.fishbase.se/）に多くの種・個体群の VBGF のパラメータが収録されている．成長様式の比較は，種間ならば比較生態学，系群間なら個体群構造解析，雌雄間なら生活史戦略研究の主要な調査・研究項目である．加えて，近年では，気候変動や漁獲圧が生活史特性に与える影響の解析が，中長期的な成長曲線のデータを比較することで行われている．いずれにしても，比較可能な年齢成長データ，成長式の記載が必要であり，昔から世界中で使われている VBGF が今後の研究報告においても使われていくと思われる．

　VBGF は，同化異化の仮定に基づいて，以下のように展開して得られた成長式である．体重(bW)の増加率は体重の 2/3 に比例する同化率 b（消化管の面積に比例するという考え方）と，体重 W に比例する異化率 a との差に比例すると仮定する．

$$\frac{dW}{dt} = bW^{\frac{2}{3}} - aW$$

体重 W が体長 L の 3 乗に比例すると仮定して整理すると，

$$\frac{dL}{dt} = b - aL$$

$k = a$，$L_\infty = b/a$ とすると，

$$\frac{dL}{dt} = k\,(L_\infty - L)$$

これを整理し，

$$\frac{1}{L_\infty - L}\,\frac{dL}{dt} = k$$

両辺を積分し，

$$\int_0^t \frac{1}{L_\infty - L}\,\frac{dL}{d\tau}\,d\tau = \int_0^t k\,d\tau$$

$$-\ln\left(\frac{L_\infty - L_t}{C}\right) = kt$$

$$L_t = L_\infty - Ce^{-kt}$$

整理して，体長 L が 0 である時点を t_0 とすると，以下の VBGF が得られる．

$$L_t = L_\infty(1 - e^{-k\,(t - t_0)})$$

典型的な例を図 5-1 に示す.

以下，VBGF の各パラメータについて，その意味を詳しく説明する.

k：成長係数

文字通り成長の仕方を示すパラメータであるが，成長速度ではない．極限体長に近づく速さである．1 歳で 10 cm になり寿命を終えるワカサギと，1 歳で 20 cm になり 5 〜 6 歳まで生きて 40 cm 近くまで成長するマサバと，1 歳で 50 cm になりその後 20 年要するものの 250 cm まで達するようなクロマグロでは，一般的にはクロマグロは成長が良いといわれる．これはある年齢で比較して体長の大きいこと，すなわちある時間単位における体長の増加量：成長速度を指標とした成長の良さである．一方，k を比べてみるとワカサギは 0.9，マサバは 0.6，クロマグロは 0.09 である．約半年で L_∞ にほぼ達するようなワカサギは，一気に体長をマックスまで増加させる，超・成長の良い魚であるといえる．このことは，例えば異体類などで，雌のほうが雄より大型になり，また同じ年齢でみても雌のほうが大きいので，「雌のほうが成長が良い」といわれてしまうが，生活史特性として，また成長式の比較においては，雌のほうが成長が良いという表現は正しいとはいえないので，注意が必要である．

図 5-2 に k による VBGF の形の違いを示した．$k = 0.4$ の場合は，2 歳で 60 cm に達しているのに対して，$k = 0.2$ では 4.5 歳で 60 cm に達している．k が半分になると，体長が 0 の時点（$t = -0.5$）から 60 cm に達するまでの時間が，2.5 年と 5 年で 2 倍になることがわかる.

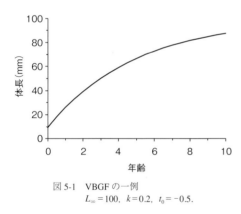

図 5-1 VBGF の一例
$L_\infty = 100$, $k = 0.2$, $t_0 = -0.5$.

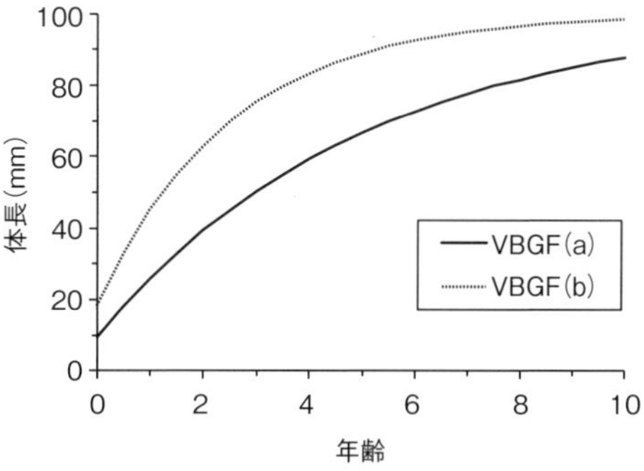

図 5-2 k による VBGF の形の違い
両方とも $L_\infty = 100$, $t_0 = -0.5$.（a）：$k = 0.2$，（b）：$k = 0.4$.

L_∞：極限体長，漸近体長

極限体長というと，最大体長を想起してしまいがちである．極限体長以上の個体が存在すると，成長式が間違っていると勘違いをしてしまう．しかし，本書で紹介した成長式の図を見てもわかるように，極限体長は成長曲線の漸近値である．高齢魚において，極限体長を超える個体が存在することは，成長式がしっかり成長の頭打ちを表現できていることの表れでもあり，逆に望ましい成長曲線の推定結果といえる.

t_0：age at zero length

t_0 は，理論上体長が 0 になる年齢を表す．負の体長をもつ生物はないので，もし生物の成長が

厳密に VBGF に従うならば，t_0 は負の値を取ることになる．しかし，実際にデータからパラメータを推定すると，正の値を取ることもしばしばである．これは，生物の成長，特に若齢期の成長が必ずしも VBGF に厳密に従っていないからである．とはいえ，成魚になってからの成長曲線は VBGF で問題なく表現できることが多く，他の文献との比較対象の便利さを考えると，t_0 が正の値になるからといって，VBGF が使用できないということにはならない．あくまでも，VBGF は 3 つのチューニングパラメータをもった曲線で，データに曲線を合わせるために 3 つのパラメータを調整しているだけである．推定された個々のパラメータの値を生物学的に解釈することは奨めない．

　複数の成長曲線を比較する際，L_∞ が大きく k が小さい曲線と，L_∞ が小さく k が大きい曲線が，同様の形になることがあるため，得られた成長曲線のパラメータ (L_∞, k) を比較する際に L_∞, k の値を個別に比較してはいけない．最も直感的な方法は，成長曲線をグラフに描いて，図形的に違いを把握する方法である．他方，定量的に記述したい，あるいは多くの成長曲線のパラメータを表で示している場合などは，Munro の Φ'（phi-prime）を計算する[2,3]．

$$\Phi' = \log_{10} k + 2 \log_{10} L_\infty$$

　前出の fishbase には，今までに推定，発表された VBGF のパラメータを Φ' の値とともに掲載している．

5-2-2　ワルフォードの定差図

　Walford（1946）[4] が示したベルタランフィーの成長式のパラメータを図計算する方法である．

$$L_{t+1} = L_\infty (1 - e^{-k(t+1-t_0)})$$

$$L_{t+1} = L_\infty (1 - e^{-k(t-t_0)} e^{-k})$$

この式に VBGF を変形した以下の式を代入．

$$e^{-k(t-t_0)} = 1 - L_t / L_\infty$$

$$L_{t+1} = L_\infty (1 - (1 - L_t / L_\infty) e^{-k})$$

$$L_{t+1} = L_\infty (1 - L_t / L_\infty) + e^{-k} L_t$$

　したがって，Y 軸に L_{t+1}，X 軸に L_t をプロットし，一次式を当てはめて，その傾きと切片から

k と L_∞ を求めることができる.

　極限体長 L_∞ と体長 L_t との差が体長の増加率に比例するという VBGF の考え方を表す式として,また以前は,直線回帰という簡便な計算方法でパラメータを得るというかたちで,よく用いられてきた.しかし現在では,表計算ソフトや R を使えば,複雑な計算式でも大量のデータであっても,最小二乗法で回帰式を簡単に得ることができる.すでに過去の方法かと思われるが,この方法の功罪を改めて示したい.

　大きな問題点としては年齢ごとの標本数の差を考慮しておらず,統計学的に誤りがあることである.すなわち推定モデルで仮定される誤差が想定される測定誤差と一致しないのである.往々にして,高齢個体の標本数は少ないので,1 個体であってもその個体が属する年齢の体長を代表してしまう.高齢魚は,年齢査定の精度も低いのが通例である.そのようなデータが回帰の端にあることで,直線回帰の結果が大きく左右されてしまうのである.

　一方,年齢形質がない生物に標識を付けて放流し,1 年後に再捕されたようなデータセットが4 個体あるだけで,また固着生物 1 個体の 4 年間の測定データがあるだけで,VBGF を推定できるという使い方もある(図 5-3).ワルフォードの定差図の上記のような根本的な問題は残りつつも,年齢情報がまったくない魚類でも,養殖生物や固着性生物でも,成長様式を把握することができるのである.図 5-3 の例では,極限体長が 43.7 cm, k が 0.271 と推定されたことに加え,L_t が 18 cm の個体が 2 歳,24 cm の個体が 3 歳であったこともわかる.

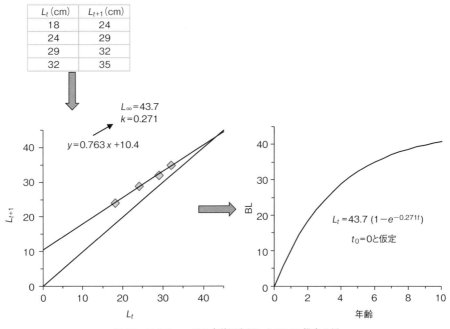

L_t (cm)	L_{t+1} (cm)
18	24
24	29
29	32
32	35

L_∞＝43.7
k＝0.271

$y = 0.763\,x + 10.4$

$L_t = 43.7\,(1 - e^{-0.271t})$

t_0＝0と仮定

図 5-3　ワルフォードの定差図を用いた VBGF 推定の例

5-2-3　他の成長式

VBGF に比べて，利用される頻度は少ないが，以下の成長曲線も用いられることがある．

ゴンペルツの成長曲線

$$L_t = L_\infty\, e^{-ce^{-kt}} \qquad\qquad パラメータ\, L_\infty, c, k$$

ロジスティック成長曲線

$$L_t = \frac{L_\infty}{1 + e^{b-ct}} \qquad\qquad パラメータ\, L_\infty, b, c$$

リチャーズの成長曲線

$$L_t = \left\{ L_\infty^{1-m} - \left(L_\infty^{1-m} - L_0^{1-m} \right) e^{-k(1-m)t} \right\}^{\frac{1}{1-m}} \qquad パラメータ\, L_\infty, L_0, k, m$$

なお，リチャーズの成長曲線は，$m=0$ の場合ベルタランフィーの成長曲線，$m=2$ の場合はロジスティック成長曲線に完全に一致し，m を 1 に近づけるとゴンペルツの成長曲線に近づく成長曲線の一般式となっており，例えば，ベルタランフィーとゴンペルツの中間的な形をしたデータにも当てはめることができるため，他の式より当てはまりが良いが，パラメータ数が異なるので，厳密には AIC（赤池の情報量規準[*1]）などの指標を用いなければ，最も適した成長曲線を選ぶことができない．とはいえ，その差はわずかであり，データ数がよほど多くない限り，優劣がつかない．従来の研究との比較がしやすい成長曲線を用いることを奨めたい．

　上記は，体長や体重の増加過程を示す絶対成長であるが，各部位の体全体（もしくは一部）に対する相対成長も重要な調査事項である．例えばある部位の長さ（Y）と体長（X）はアロメトリー式（$Y = aX^b$）で表される．

　$b > 1$ なら優成長，$b < 1$ なら劣成長であり，徐々にその部位の大きさが体長に対して大きくなるか小さくなるかが示される．まさに体型（プロポーション）の変化を示すことができる．

　もう一つ相対成長解析の重要な点は，体型の不連続的な変化を検出できることである．生物において体型の変化や部位の形状の変化は，すなわち生活型の変化を意味する．異体類や底魚の着底時における劇的な変化は変態とも呼ばれる．この変化を両対数で図示すると，直線で表すことができる．AIC で変曲点が見いだせれば，それが体型の不連続的な変化があったことを示している．

[*1] モデルや回帰式の当てはまり度を表す統計量．対数尤度 L とパラメータ数 p を用いて，AIC $= -2\ln L + 2p$ という式で求められる．

5-3 解析例

5-3-1 アイゴ 1 雌雄不明個体の扱い

アイゴは,海藻を摂食する魚種であり,藻場の磯焼けを加速させ,海苔等の養殖海藻を摂食する「害魚」とされる.ニザダイやクロダイよりも,植食魚を代表する魚種として知られる.ただし,ベントスも選好するし動物性の餌料のほうが体重増加が著しいので,雑食性であると位置づけたほうが適しているであろう.アイゴの英名は rabbit fish.野菜を食べるという意味か.実はアイゴを飼育する際に,海藻ではなくキャベツを投餌しても順調に育てることができる.

以下,館山湾の定置網漁獲物を調査したデータ[5] を用いて解析例を示す.

図 5-4 は雌雄別の体長組成である.まず,2 種類の標本から構成されている 90 mm 以上の漁獲物と,別の調査で混獲された幼魚(7 月 1 日を年齢起算日,10 月 10 日に採集.平均体長 40 mm)である.漁獲物の体長組成は,二峰型であり,体長の小さな体長群はほとんどが生殖腺が未発達で雌雄判別ができなかった.体長の大きな体長群は体長範囲が広いがすべての個体が雌雄別に扱えている.このように漁獲物の主体ではないが,小型の個体がまとまって水揚げされることも少なくない.いずれにしても,雌雄の体長は雌のほうが若干大きいように見えるし,まずは雌雄別に成長式を求め,その差異を検定して確認すべきであろう.

では雌雄別に成長式を求める場合,この小さな体長群を構成する未成魚(雌雄不明個体)および幼魚のデータをどう扱うか.雄性先熟,雌性先熟の魚種でなければ,これらの性比を 1:1 として扱ってもよいだろう.ただ無作為に半分ずつ雄と雌として計算するのも,何か気持ち悪い.

通常最小二乗法で成長式等の当てはめを行う場合,個々の測定体長と計算体長との差(残差)の二乗(残差平方)を合計し,その残差平方和が最も小さくなるように,エクセルのソルバー機能で,解を求める.雌雄別の成長式を求める際に,雌雄不明個体(雌雄比 1:1 と仮定)の全個体データを雄にも雌にも加え,その代わりに,残差平方に 1/2 を掛け,重み付けではなく軽み付けをする(図 5-5).そのように求めた成長式を図 5-6 に示す.妥当な当てはめにみえる.

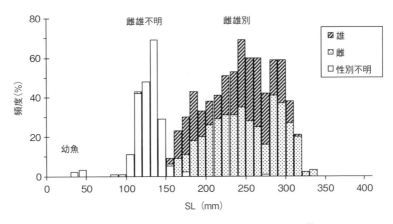

図 5-4　館山湾の定置網で漁獲されたアイゴの体長組成[5]

雄 列：体長	査定年齢	計算体長	残差平方	雌 列：体長	査定年齢	計算体長	残差平方
88858		Lmax	274	133986		Lmax	297
↑残差平方和		k	0.618	↑残差平方和		k	0.536
		t0	0.306			t0	0.273
255	5.04	259	20	300	6.03	283	278
270	7.05	270	0	298	7.05	289	81
197	2.05	181	262	258	4.05	258	0
225	2.05	181	1951	282	6.05	283	2
225	3.05	224	1	292	7.05	289	9
282	5.05	260	502	260	5.05	274	194
220	3.05	224	15	271	5.05	274	9
114	1.38	133	187	114	1.38	133	187
130	1.38	133	6	130	1.38	133	6
124	1.38	133	44	124	1.38	133	44
114	1.41	136	240	114	1.41	136	240
115	1.41	136	219	115	1.41	136	219
133	1.41	136	4	133	1.41	136	4
108	1.41	136	390	108	1.41	136	390

雌雄のデータ（上段），雌雄不明個体（下段）

残差平方
＝(体長－計算体長)^2

残差平方/2
＝(体長－計算体長)^2/2

雄不明個体　同じデータを雌雄双方に入れる

この残差平方和を最小にするように，ソルバー機能で解(L$_{max}$, k, t$_0$)を求める.

図 5-5　表計算における雌雄不明個体データの扱い例

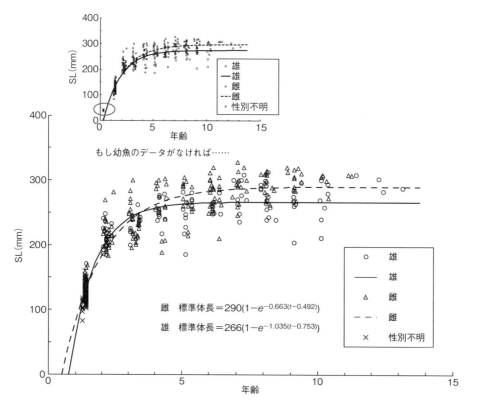

雌　標準体長＝290(1－$e^{-0.663(t-0.492)}$)

雄　標準体長＝266(1－$e^{-1.035(t-0.753)}$)

もし幼魚のデータがなければ……

図 5-6　アイゴの年齢成長関係と VBGF（未成魚データを含む，幼魚データを含まない）

　もし純粋に，雄だけ，雌だけのデータで解析したら，図5-7のようになる．論文などでもありそうな図であり，漁獲物の年齢体長関係を適切に表現できているので，有用ではある．しかし，この種の成長様式の表現としては，不適切である．この成長式では0+歳，1+歳の体長が明らかに過大であり，孵化時に10 cmとなっている．漁獲物のみで成長解析すると，小型個体，若齢個体が少なく，このような成長式になってしまう．T_0値が1を超えた場合は，用いるデータや標本を補強する必要がある．

　さらに漁業とは別の幼魚データを加える（図5-8）．妥当な成長曲線，成長式が得られた．漁獲物以外にも，利用できる若齢・小型個体の情報を盛り込む工夫をしたい．

5-3-2　アイゴ2　biological intercept法

　先ほどの図5-6，5-7のように，幼魚や未成熟個体を用いることができない場合でも，成長式を補正する方法がある．孵化後に体型や成長様式が大きく変化する時点の体長情報や孵化体長の情報を用い，それらの点が起点となるような成長式に補正する方法である[*2]．

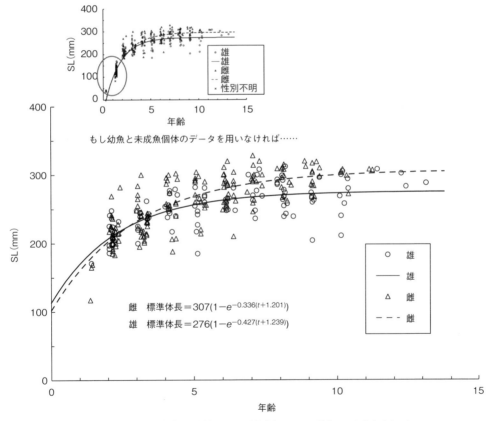

もし幼魚と未成魚個体のデータを用いなければ……

雌　標準体長＝$307(1-e^{-0.336(t+1.201)})$

雄　標準体長＝$276(1-e^{-0.427(t+1.239)})$

図5-7　アイゴの年齢成長関係とVBGF（未成魚データ，幼魚データを含まない）

[*2] 体長・耳石長について，採集時と孵化時の差が，採集時とある日齢時の差に比例することを利用して，耳石日輪から各日齢時の計算体長を求める方法[6,7]．

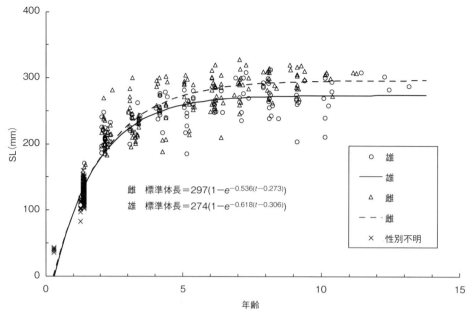

図 5-8　アイゴの年齢成長関係と VBGF（未成魚データ, 幼魚データを含む）

　例えば, あるベントスは孵化後 2 月（1/6 歳）で体長 10 mm で着底する, ある異体類は孵化後 1 月（1/12 歳）で体長 8 mm で着底する, ウナギやアナゴ類のレプトセファルス（葉形仔魚）が孵化後 6 月（1/2 歳）で体長 80 mm で接岸着底するといった情報を用いるのである. 種苗放流を用いた場合など, 放流体長を起点とすることも有用であると思われる. いわば biological intercept 法といえる.

　Biological intercept 法とは, 日周輪を用いた初期成長解析や, 耳石年輪径を用いた成長解析において, 孵化時の耳石輪径等を用いて, 個体の成長履歴を推定する方法である[6, 7]. 成長式推定においては, 孵化体長や上記のような起点となり得るような, その齢と体長を biological intercept とし, 必ずその点を通るような補正項を入れる方法をいう. 具体例を示す.

　図 5-9 は, 先ほどのアイゴ漁獲物のデータを用いて幼魚の年齢 0.279, 平均体長 40 mm を成長式にあらかじめ挿入し, t_0 を省いて当てはめた成長式である. 雄の成長式の当てはまりが悪くなったが, 若齢時の成長過程の表現は図 5-7 と比べて大幅に改善できている. 孵化体長（例えば 5.0 mm）を入れる場合は $t_0=0$ にして 40.0 の替わりに 5.0 を入れればよい. 深海性の魚類など, 孵化体長や仔稚幼魚の標本がない場合, 補正項を両方とも 0 にしてもかまわない. この図 5-9 の式の場合, 雌の極限体長は 307 mm ではなく 347 であるので注意が必要である.

　なお, 雌雄ごとに成長式を求めた後に, 雌雄の成長様式に有意差があるかどうか, という検定を行うのが一般的である. F 検定もしくは AIC で, 雄のみ, 雌のみの成長式の残差平方和と, 雌雄込みで得られた成長式の残差平方和を比較して F 統計量を求め, F 分布の値と比較して, 有意差の検出を行う. 図 5-10 にエクセルでの数式入力例を示した. F 値が, F（n-3, 0.05 or 0.01）よりも大きかったら成長式を雌雄別々に扱い, 小さかったら雌雄込みの一つの式を用いる.

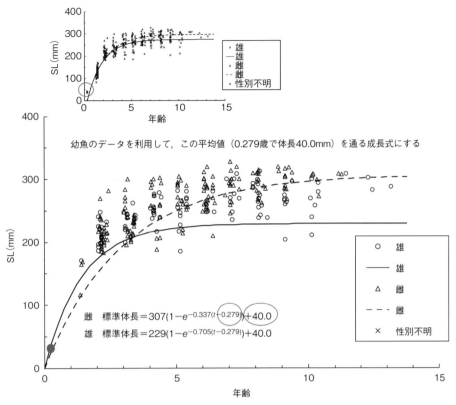

図5-9 アイゴの年齢成長関係と VBGF（未成魚データ，幼魚データを含まないが，biological intercept の年齢 0.279，体長 40 mm を VBGF に挿入）

雌成長式の残差平方和（S_f）	A
雄成長式の残差平方和（S_m）	B
雌雄込み成長式の残差平方和（S_t）	C
雌のデータ数（n_f）	D
雄のデータ数（n_m）	E
F 統計量	F
自由度（3，n_f+n_m-6）のF分布値	G

F=((C-A-B)/3)/((A+B)/(D+E-6))

G=FINV(0.05,3,D+E)

F>G：雌雄の成長式には有意差あり（$P=0.05$）
F<G：雌雄の成長式には有意差があるとはいえない
　　　（成長式を雌雄込みで扱っても問題ない）

図5-10 雌雄成長式の有意差の F 検定の表計算

5-3-3　ミルクイ　ゴンペルツの成長式など他の式

　ミルクイは内湾資源であり，瀬戸内海，伊勢三河湾，東京湾などで，潜水漁業によって漁獲されている．お店ではミルクイではなく「ミルガイ」「本みる」と呼ばれている．同様に市場で「白

ミル」と呼ばれているのは別の分類群に属するナミガイである．horse clam とか gaper と呼ばれる．Gaper の意味はよくしゃべる人，口を大きく開ける人．ミルクイの軟体部が貝殻に収まりきらないからであろう．なお horse clam の名前の由来は不明．

愛知県三河湾の湾口付近の日間賀島と師崎地先の漁獲物を中心に，年齢／殻長関係を示す[9]．漁獲物だけでは小型個体が不足しており，適切な成長式が得られないので，種苗を天然海域に垂下飼育していた当歳貝のデータを加えている．年齢査定では，貝殻の断面の弾帯受部に，水性マジックで染色すると，年輪構造が容易に観察される（図 5-11）．

アイゴ同様に，通常の VBGF と VBGF with a biological intercept（0.5 歳で 3.0 mm）に加えゴンペルツの成長式を当てはめた（図 5-12）．なお，雌雄間で有意差がなかったので，まとめて図示している．AIC は，VBGF と VBGF with a biological intercept が同じ値だったが，ゴンペルツの成長式が最も小さく，当てはまりが良いことがわかった．貝類のように，孵化後の初期成長速度が遅く，殻長の増大がゆっくりな生物については，S 字曲線のゴンペルツの成長式やロジスティック成長式のほうが適しているのであろう．

Original VBGF： $L_t = L_\infty [1 - e^{-k(t-t_0)}]$

VBGF with a biological intercept： $L_t = L_\infty [1 - e^{-k(t-0.5)}] + 3.0$

ゴンペルツの成長式（変形）： $L_t = L_\infty \cdot a^{k(t-t_0)}$

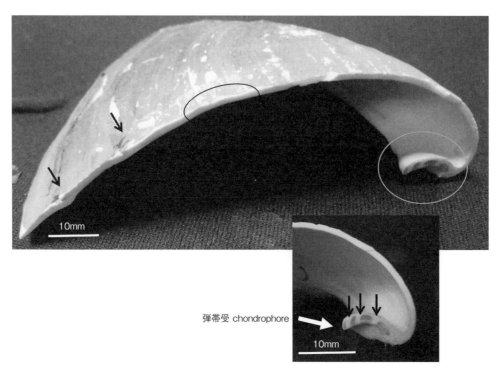

弾帯受 chondrophore

図 5-11　ミルクイ貝殻の断面（弾帯受を水性ペンで染色）

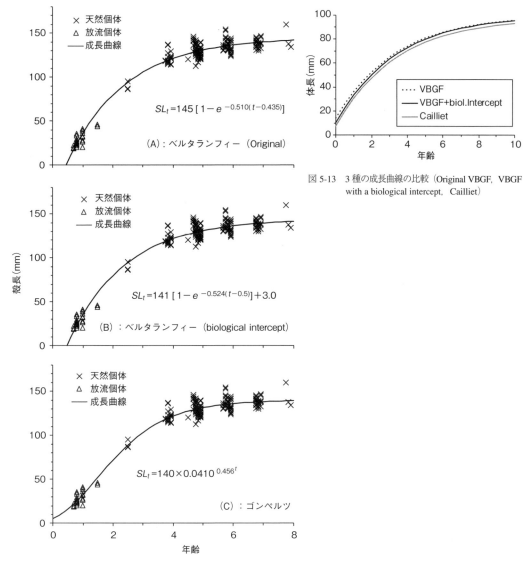

$$SL_t = 145\,[\,1 - e^{-0.510(t-0.435)}\,]$$

(A)：ベルタランフィー（Original）

$$SL_t = 141\,[\,1 - e^{-0.524(t-0.5)}\,] + 3.0$$

(B)：ベルタランフィー（biological intercept）

$$SL_t = 140 \times 0.0410^{\,0.456^{\,t}}$$

(C)：ゴンペルツ

図 5-13　3 種の成長曲線の比較（Original VBGF, VBGF with a biological intercept, Cailliet）

図 5-12　三河湾におけるミルクイの年齢殻長関係および成長式
（A）：Original VBGF, （B）：VBGF with a biological intercept, （C）：ゴンペルツの成長式.

　なお Moore et al.（2012）[10] は，2 歳未満の標本数が少ない場合 $t_0 = 0$ としている．また Cailliet et al.（2006）[11] は，胎生の軟骨魚類の成長様式を表現するために，VBGF を改変して以下の式を提唱している（L_0：孵出体長）．理論的にも適しており，今後はこの式を推奨したい．

$$L_t = L_\infty(1 - e^{-kt}) + L_0\,e^{-kt}$$

　図 5-13 は，極限体長が 100 mm，k が 0.3，t_0 が 0.5，孵化体長が 10 mm と仮定して，以下の 3

種の式を比較した図である．VBGF with a biological intercept 式と Cailliet 式の極限体長は，各々 10 を引いた 90 とした．

$$\text{Original VBGF：} L_t = 100\,(1 - e^{-0.3\,(t-0.5)})$$

$$\text{VBGF with a biological intercept：} L_t = 90\,(1 - e^{-0.3t}) + 10$$

$$\text{Cailliet：} L_t = 90\,(1 - e^{-0.3t}) + 10\,e^{-0.3t}$$

　前述のように，若齢・小型個体のデータがあれば，0 に近い（1，または−1 を超えない）t_0 が求められ，適当な Original VBGF 式となる．一方，孵化体長の情報を付加することで，VBGF with a biological intercept 式，Cailliet 式も，適当な式が得られる．今回はあらかじめ極限体長を操作したが，実際の当てはめでは，パラメータ L_∞ が 90 と表記され，理論上の最大体長 100 とは異なる．極限体長の記載時には注意が必要である．

5-4　年齢体長相関（ALK），Age 銘柄 Key

　年齢体長相関，あるいは Age-length Key（ALK）は，体長階級別の年齢組成を用いて，標本全体の体長組成から年齢組成を推定する方法である．

　ALK の作成には，まず最初に体長階級幅を決定することである．体長階級幅を狭くすると，体長階級別標本数が少なくなり，ALK の精度が落ちる．一方，体長階級幅が広すぎると，体長階級中の小さい魚と大きい魚では年齢組成が異なり，やはり精度が落ちる．漁獲体長範囲や年齢査定を行うことができる個体数を勘案しながら，適切な幅に設定する．等間隔である必要はなく，例えば，○センチ以上といったプラスグループを作ってもよい．

　次に，年齢査定用の標本を得る．体長を考慮しない無作為標本では，広い範囲で十分な標本数が確保できないことから，どの体長階級もほぼ等しい標本数になるように集める．体長階級ごとの年齢組成が ALK となる．

　ALK を用いて年齢別漁獲尾数を得るためには，漁獲物の体長測定調査結果を行い，体長階級別漁獲尾数を算出する．全数調査できる場合は，漁獲物の体長測定調査結果をそのまま用いることができるが，そうでない場合は一部分を標本として抽出して測定する．無作為の標本が得られる場合は，標本の重量と全漁獲重量を入手し，標本の全数の体長測定を行う．得られた標本の体長階級別漁獲尾数を全漁獲重量と標本重量との比で引き伸ばす（表 5-1）．

　すでに，船上で銘柄選別がされているなど，無作為標本が得られない場合は，各銘柄から標本を入手し，各銘柄の標本を全数計測し，銘柄ごとに体長階級別漁獲尾数を得る．銘柄ごとに，標本重量と銘柄別漁獲重量の比で引き伸ばして，それぞれの銘柄の体長階級別漁獲尾数を推定した後，最後に銘柄ごとに合計して，全体の体長階級別漁獲尾数を推定する（表 5-2）．

　以上の手順によって体長階級別漁獲尾数が得られたら，ALK を用いて年齢別漁獲尾数を算定

表 5-1　無作為標本からの体長階級別漁獲尾数の求め方

体長階級（mm）	標本中の個体数	体長階級別漁獲尾数
0-100	300	*3,000*
100-120	500	*5,000*
120-	200	*2,000*
重量（kg）	100	*1,000*

立体が得られたデータ，斜体が計算した結果である．体長階級
別漁獲尾数は総漁獲重量÷標本重量×標本中の個体数で得
られる．例えば，最初の0〜100 mmの体長階級は 1,000 kg÷100
kg×300尾＝3,000尾．

表 5-2　銘柄分けされた標本からの体長階級別漁獲尾数の求め方

体長階級（mm）	標本尾数			漁獲尾数			体長階級別漁獲尾数
	銘柄S	銘柄M	銘柄L	銘柄S	銘柄M	銘柄L	
0-100	500	50	0	*2,500*	*500*	*0*	*3,000*
100-120	200	300	100	*1,000*	*3,000*	*1,000*	*5,000*
120-	0	50	150	*0*	*500*	*1,500*	*2,000*
標本重量（kg）	50	40	35				
漁獲重量（kg）	250	400	350				

立体が得られたデータ，斜体が計算した結果である．銘柄別体長階級別漁獲尾数は
銘柄別漁獲重量÷銘柄別標本重量×銘柄別標本中の個体数で得られる．　例えば銘
柄S（0〜100 mm）の体長階級は250 kg÷50 kg×500尾＝2,500尾．

する．表 5-3 に計算例を記した．体長階級別漁獲尾数に ALK にある階級別年齢組成を掛けて，
その体長階級の年齢別漁獲尾数を算定する．すべての体長階級について，年齢別漁獲尾数を算定
したら，年齢別に漁獲尾数を足し合わせて，年齢別漁獲尾数を得る．

　もしくは銘柄と年齢との関係（Age 銘柄 Key，年齢銘柄相関）が得られている場合は，Age 銘
柄 Key を用いて，直接年齢組成を推定する．

　雌雄で成長様式に差異がある場合，体長階級ごとに雌雄比も含めた年齢組成を求めておく必要
がある．また，毎月標本収集するなど，標本収集時期が長期間にわたる場合は，同じ体長階級の
年齢組成は，遅くなるほど若齢に偏るので，注意を要する．年齢査定用標本や体長階級別漁獲尾
数推定用の標本数が大きく，精度の高い年齢別漁獲尾数推定を行いたい場合は，1 年に複数回年
齢査定用標本を収集して ALK を作ったり，成長曲線から補正するといった工夫が必要かもしれ
ない．

　また卓越年級が含まれている場合，過小評価することになる．すなわち体長 100-200 mm の

表 5-3　ALK の例

体長階級(mm)	体長階級別漁獲尾数		年　齢		
			1	2	3
0−100	3,000	ALK(%)	100	0	0
		階級内尾数	*3,000*	*0*	*0*
100−120	5,000	ALK(%)	20	70	10
		階級内尾数	*1,000*	*3,500*	*500*
120−	2,000	ALK(%)	0	20	80
		階級内尾数	*0*	*400*	*1,600*
年齢別漁獲尾数（合計）	10,000		*4,000*	*3,900*	*2,100*

体長階級別漁獲尾数が与えられると，ALK によって，階級内尾数が斜体のように計算され，体長階級別漁獲尾数（左から2列目）が年齢別漁獲尾数（一番下の行）に変換される.

階級において，ALK では 2+ と 3+ が 50％ずつとなっていたとする. しかし，もし 3+ に相当する年級群が平均的な加入量の 3 倍だったならば，体長階級 100-200 mm には，2+ が 25％，3+ が 75％存在する. ALK による年齢分解とは，3+ 魚の尾数を過小評価するだけでなく 2+ 魚の尾数を過大評価することになる. ならば，年級豊度を考慮して毎年 ALK を補正すればいいのだが，それは現実的ではない. その年級豊度や，先ほどの 3 倍という数字を知るためには個体の年齢査定が必要であり，その年齢査定情報があるならば，ALK を用いて年齢分解をする必要はないのである.

5-5　成熟年齢，成熟体長

　成熟に達する年齢や体長は，成長様式に並ぶ生活史特性の重要項目である. 生活史とは，成長という個体維持と成熟産卵という種族維持という相矛盾する 2 つの側面から成り立っている. エネルギー投資戦略からみても，十分に体を大きくしてから，体の一部を費やしもしくは個体の死滅を前提に生殖腺を発達させるというトレードオフである. さらには，成熟年齢，成熟体長は，生涯繁殖成功度（適応度）を最大にする生活史戦略を左右する. 成熟が早すぎても遅すぎても，適応度は低下するのである.

　資源管理上も不可欠な項目である. 加入乱獲を避けるための取り残し量（尾数）を決定する際には，再生産関係（親子関係）から期待される加入量を産む産卵親魚量を管理目標とする. 再生産関係は，過去のデータを用い，まず産卵親魚量（SSB：成熟年齢以上の雌の資源量）を推定し，その SSB に対する翌年の加入尾数をプロットすることで得ることができる. また加入尾数／SSB は再生産成功率（RPS）といわれ，初期減耗の度合いの指標となる. 再生産成功率は

基本的に環境条件で左右されるため, 加入量を決定する環境要因分析における重要な値であり, また資源動向を判断する際にも用いられる.

RPS は年々変動するが, その RPS の中央値の逆数になる加入当たり産卵親魚量(SPR)を確保できる漁獲圧以下の漁獲を行えば, 増加する世代と減少する世代の数は理論上同数となり, 中長期的に資源量は安定すると考えられる.

成熟年齢, 成熟体長は, 種・系群によって決まっているが, 成長や資源量によって変化するし, 個体差もある. 漁獲が成長や成熟年齢, 成熟体長に与える影響(fishing effect)の研究も, 近年多く行われている.

魚類の成熟状態は, 前述のように生殖腺の外観, 重量, 生殖細胞の成熟段階から判断される. 一方, 多くの貝類(二枚貝も巻貝も)では, 生殖腺が消化盲嚢と体表皮の間の結合組織中に位置し, 直接観察し難いだけでなく, 被嚢をもたないため生殖腺の重量を計測することが困難である. そのような場合は組織切片を作製するか, 結合組織全体の断面における生殖腺の面積等を成熟状態の指標として用いる.

一般的には, 生殖腺の重量を計測し, 体重に対する生殖腺重量の割合を生殖腺重量指数(GSI: gonadosomatic index)として生殖腺の量的な発達状態を評価する.

ここでは個体の体長と GSI のデータがあった場合の, オオニベを例にして成熟体長を推定する方法を示す[12]. オオニベ *Argyrosomus japonicus* は, 沿岸魚としては大型であり, 全長が 1 m を超える個体も珍しくない. 漁獲対象として利用され, 日本では黒潮沿岸の土佐湾から日向灘, 九州南岸, そして黄海, 東シナ海, 中国南シナ海北部沿岸に分布している. 実は, 同種とされる魚種が, オーストラリア中部以南沿岸, 南アフリカ～インド東岸に分布している. 近年では, 体躯部のみならず胃袋も中華食材として高価に扱われている. 宮崎県においては, 1985 年に全国に先駆けて人工採卵と種苗生産に成功して以来, 養殖対象種や栽培漁業対象種として重要な地域特産種とされている. 宮崎県では, 定置網漁業や延縄・一本釣漁業等で漁獲され, 1993 年頃の年間漁獲量はニベ類全体でも 100 トンに満たなかったが, 近年はオオニベだけで 150 トン以上になった.

図 5-14(A)は全長に対する GSI の関係である. 全季節のデータをプロットしている. 全長が 600 mm 未満ではほとんどが X 軸線上に乗っており, 未成熟個体で占められていることがわかる. 600 mm を超えても多くが未成熟であるが, GSI1 を超える個体も散見されるようになる. 全長 800 mm 以上では, GSI が 1 以下の個体は少なくなり, 最も GSI の大きな値は 9.6 である. 直感的に 800 mm くらいが成熟体長であろうといえるが, 解析的に推定したい. ただ, 成魚の GSI は, 生殖腺が季節的に変化するのみならず, 放卵放精後に収縮し生殖腺重量も大きく減少するため, GSI のみで解析するのは難しい.

魚体測定時に, その個体が未成魚か成魚かを, 未成熟個体 0, 成熟個体 1 として記録する. もしくは, 対象種の成熟に関する知見を元に, GSI がどのような値なら成熟個体とみなせるという情報を得ておく. そして, 体長に対して成熟の有無を 0 か 1 かで示したのが図 5-14(B)である. 同じ体長階級でも成熟個体, 未成熟個体が混在しており, このままでは, 成熟体長を推定するの

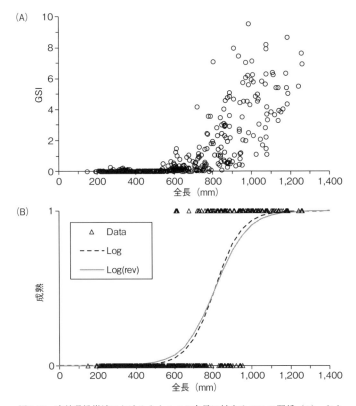

図 5-14　宮崎県沿岸域におけるオオニベの全長に対する GSI の関係（A），および全長に対する成熟（1）と未成熟（0）個体のプロットと回帰曲線（B）

は困難なので，回帰曲線を当てはめ，成熟個体の割合が 50％を超える体長を成熟体長として推定する．

　当てはめる曲線は左右対称のシグモイド曲線（S 字曲線）が望ましい．最も一般的なのはロジスティック式であるが，変形式（LogisticRev）と比較して図示する（図 5-14（B））．

$$\text{ロジスティック式：} Y = 1/ae^{-bt} \quad a = 0.142, \quad b = 102$$

$$\text{変形式：} Y = e^{a+bt}/(1 + e^{a+bt}) \quad a = 9.95, \quad b = 0.0123$$

$$Y：成熟個体の割合（0 \leq Y \leq 1），\quad t：TL$$

　両者ほぼ同様の軌跡である．ロジスティック式から成熟体長は 810 mm，変形式では 812 mm と推定された．若干ではあるがロジスティック式の AIC が小さく，このデータセットを表現するモデルとして選択された．

　なお，水産学では，生物学的最小形という用語を用いることがあるが，成熟体長のことである．生物学的最小形の字面を見ると，それより小型の個体は生物学的に無意味であるような印象を与えるため，成熟体長という用語を用いたほうがよいだろう．

　第 5 章において，ワルフォードの定差図から成長式のパラメータを推定する際の直線回帰の問題点を述べた．水産研究においては，漁獲量，水温等の時系列データに直線回帰を当てはめ，その傾きから変化傾向を表現することは少なくない．

　地球温暖化の表現として，過去 100 年で何℃上がったかということが度々示される．IPCC 第 4 次評価報告書（2007 年，環境省訳）では，以下のように記載されていた．

　「過去 100 年間（1906 ～ 2005 年）の長期変化傾向の値である 100 年当たり 0.74℃［0.56 ～ 0.92℃］は，第 3 次評価報告書（2002 年）で示された1901 ～ 2000 年の変化傾向である100 年当たり 0.60℃［0.4 ～ 0.8℃］よりも大きい．」

　すなわち，温暖化が急激に進行している印象を与えている．確かに温暖化は進行しているのであるが，100 年という長期変化傾向がなぜそのように年によって変わってくるのか．世界の年平均気温偏差（℃）（気象庁）のデータを用いて，単純に直線回帰を当てはめてみた．連続した 2014 年，2015 年，2016 年の過去 100 年のデータに回帰させた傾きは，0.69℃から 0.73℃，0.75℃に大きく上昇している（図 1）．図 1 を見てわかるように，100 個のデータであっても，両端のデータの増減が，傾きを大きく変化させているのである．

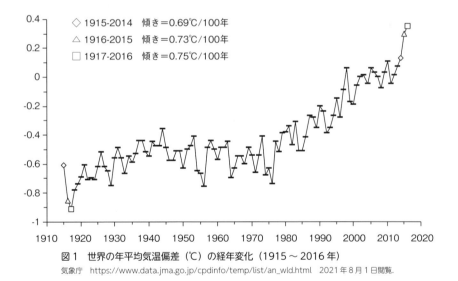

図 1　世界の年平均気温偏差（℃）の経年変化（1915 ～ 2016 年）
気象庁 https://www.data.jma.go.jp/cpdinfo/temp/list/an_wld.html　2021 年 8 月 1 日閲覧．

　さらに単純に表現すると図 2 のようになる．10 年間，毎年 1℃ずつ増加しているデータセットであるが，2008 年に 2℃下がると傾きは 0.94 になり，最端の 2010 年に2℃下がると傾きは 0.89 になる．いつ 2℃下がるかで傾きが大きく変わること，そして直近データが影響を与えることがわかる．

　時系列データの傾きで変化傾向を表現する場合，気をつけておきたいことである．

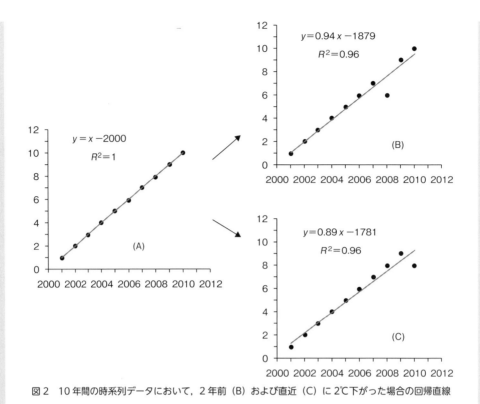

図2　10年間の時系列データにおいて，2年前（B）および直近（C）に2℃下がった場合の回帰直線

　測定の際，有効数字を何桁まで取ればいいか悩むことがあるだろう．これは，目的と標本数によって決まる．例えば，ごく微量でも毒性のあるような物質が含まれているかどうかを調べる際には，検出限界まで調べないといけないかもしれない．

　一方で，体長組成や平均値を求めたりする場合は，有効数字の桁数は少なくてもいいこともある．例えば，5 mm ごとの体長階級で ALK を行うための漁獲物の体長測定の場合，どの体長階級に入るのかがわかりさえすればよく，0.1 mm 単位まで記録せず，1 mm 単位で記録すればよい．四捨五入ではなく切り捨てで記録すれば，14.9 mm の魚が15 mm 以上の階級に紛れ込む心配もない．

　平均値を求めるための測定も，標本数が多い場合は有効数字を多く記録する必要がない．0 以上から 100 未満の一様乱数 10 個の平均値と，その乱数を整数に四捨五入した後にとった平均値の相対誤差は，ほとんどの場合 0.5%以下である（表）．大胆に 10 の位で四捨五入してもその差が 5%を超えることはほとんどない．

　デジタル機器で測定する場合，多くの桁数が表示されることがある．デジタルで電子ファイルに記録されるのであれば問題ない．しかし，表示されている数字を現場で記録用紙に書き写す場合は，下の桁数まで記録しても結果にはまったく影響しないの

で，労力や時間を節約するために，記録する桁数を少なくすることを勧めたい．節約した労力や時間を標本数や標本地点を増やすのに振り分けたほうが，良い解析結果が得られる．

表　有効数字桁数を少なくした場合の平均値への影響の例

No.	元のデータ	四捨五入した値
1	10.911153	10
2	30.672342	30
3	27.803646	30
4	16.367073	20
5	92.790640	90
6	87.337420	90
7	8.403037	10
8	68.608217	70
9	4.508561	0
10	41.289158	40
平均値	38.869125	39.0
相対誤差*		0.34%

* 相対誤差＝(四捨五入した値の平均値−元のデータの平均値)／四捨五入した値の平均値

第6章　沿岸漁業にまつわる世界の動き

6-1　これまでの世界の流れ

　近年世界では，沿岸漁業の重要性が，改めて認識されるようになった．1992年の国連環境開発会議（リオデジャネイロ・地球サミット）で生物多様性条約の調印が行われて以後，Costanza (1997)[1] が生態系サービスを体系化して経済的価値を算出し，先住民の伝統的な生活様式の保護と資源利用が認められ価値化されたことで，小規模な漁業の重要性が位置づけられてきたと推察される．

　以下，沿岸漁業にまつわる世界の動き・経緯を記す．

1995年　責任ある漁業のための行動規範（Code of Conduct for Responsible Fisheries）（1995年10月第28回FAO総会）

　漁業の重要性を認識し，資源の持続的利用を促進し，責任ある漁業体制を確立するために，国連環境開発会議（UNCED）の「アジェンダ21」（1992年）が反映され，「持続的開発」や「予防的アプローチ」の考え方が盛り込まれていることが特徴的である．「行動」の規範であるとともに「倫理」の規範（モラルコード）という側面もある．

　内容としては，リフラッギング[*1] 防止として，公海漁業の全長24 m以上の漁船については，旗国の義務を明記している．その他，漁具，漁法，漁業管理，貿易，流通，養殖，沿岸域管理，研究協力について規定している．ただし沿岸地域管理については，具体的な規範は示されていない．

2014年　世界食料保障委員会・ハイレベル専門家パネル

　持続可能な漁業と食料保障（Sustainable Fisheries and Aquaculture for Food Security and Nutrition）というレポートが発表された．

　漁業・養殖生産物は，タンパク質および必須栄養素の主要な供給源であり，魚介類および水産製品は，世界中の実に多くのコミュニティに収入を提供すると位置づけている．増大する魚介類の需要に対応するため，海洋や内陸の天然資源と養殖の持続的生産，およびすべての人が魚介類を利用できるようにするためのバリューチェーンの管理が強調されている．そして，不平等が発生しやすい多様なセクター（漁業者コミュニティ，小規模漁業者，国際的な漁業会社など）の役割と貢献についても言及している．

[*1] リフラッギング（reflagging）：船舶登録変更．国際的な漁業規制を逃れるために，規制の緩い国に船籍を移す行為．リフラッギングを行った船舶を便宜置籍船（flag-of-convenience vessel）という．

2017 年 「家族農業の 10 年」

国連総会は，持続可能な農と食のあり方を実現するために，また 2015 年に国連が発表した the 2030 Agenda for Sustainable Development に記載された SDGs（持続可能な開発目標）に掲げられた目標「飢餓をゼロに（ゼロハンガー）」を達成するために，2019 ～ 2028 年を国連「家族農業の 10 年」として定めた．各国が食料安全保障と栄養改善に大きな役割を果たしている家族農業に係る施策を進めるとともにその経験を他国と共有すること，FAO 等の国際機関が各国等による活動計画の策定・展開を先導することを求めている．

国連は家族農業を次のように定義している．「家族によって管理・運営され，男女を含む家族の資本と労働力に依存する，農業，林業，水産業，牧畜および水産養殖の生産を組織化する手段」．簡易に記せば「労働力の過半を家族労働力でまかなう農林漁業」となるであろう．

ただし，農林漁業の経営にはいろいろなパターンがあるので，FAO は以下のように整理している（表 6-1）.

表 6-1　経営形態ごとの資本と雇用

	企業経営	家族経営	
	企業・法人	家族経営法人	家族経営
労働者	雇用	家族と雇用	家族 （一時的な雇用あり）
資本	出資者	家族所有	家族所有

日本における漁業経営体数（2018 年）は 79,067 であり，個人経営と共同経営は 76,226 で 96.4％が家族経営であると推定される[*2]．

なお，農業における小規模農業者のことを peasant farmer（ベザント）と呼び，小農という和訳が当てられている．漁業においては，small-scale fisheries（小規模漁業），household fishery（家族漁業者），subsistence fishing（自給自足漁業）という言葉で表現された．SDGs では 17 の目標のうち target 14.b provide access of small-scale artisanal fishers to marine resources and markets として，small-scale artisanal fishers（小規模・沿岸零細漁業者（外務省・仮訳））が用いられている．Artisanal fisheries はあまり使用されてなかった文言であるが，零細漁業と訳すのが相応しいと思われる．

6-2　これからの世界の流れ

2022 年　IYAFA 2022

FAO は International Year of Artisanal Fisheries and Aquaculture（IYAFA 2022）を成文した．これ

[*2] 共同経営は団体経営体に集計されているが，会社等の法人組織に至っていないものがほとんどであるので[(2)]，家族経営に含めた．沿岸漁業のうち大型定置網は企業経営がほとんどであり，また沖合漁業でも沖合底びき網は家族経営も多いことから，沿岸漁業＝家族経営ではない．

は 2015 年に取りまとめた Voluntary Guidelines for Securing Sustainable Small-Scale Fisheries in the Context of Food Security and Poverty Eradication（持続可能な小規模漁業を保障するための任意自発的ガイドライン）を基に，国連総会が 2022 年の国際漁業養殖年で宣言するものである．

　ゼロハンガーを達成するために，数十億の人々に健康的で栄養価の高い食品を提供する数百万人の小規模零細漁業者，養殖業者，漁業従事者の重要性を認識するものである．食料安全保障，栄養，貧困撲滅，天然資源の持続的な利用に対する世界の注目を集めて，その支援に取り組むことを目的とする．また，小規模漁業者同士の対話を通し，それらの声を政策決定に反映させることも意図している．アクションプランと 7 つの柱が示されている．

アクションプラン

- 意識の向上：関連する世界的，地域的，国レベルのイベントやキャンペーンを組織化し，参加を通じて，小規模零細漁業と養殖業に関する情報や重要なメッセージを幅広い層と共有する．
- 科学と政策のインターフェースを強化：参加型の方法で学際的なエビデンスを収集し普及させることで，小規模な零細漁業と水産養殖を支援する意思決定と政策プロセスを支援する．
- ステークホルダーの能力向上：小規模漁業者，養殖業者，漁業従事者とその組織が，関連するすべての意思決定プロセスに対等なパートナーとして関与できるようにする．これには，法律，規制，政策，戦略，プログラム，プロジェクトの策定と採用において，立法議院や政府機関との協力も含まれる．
- パートナーシップ：小規模漁業者の組織間だけではなく，政府，研究機関，NGO，民間部門，地域組織などとの間で，新しいパートナーシップを構築し，既存のパートナーシップを強化する．

7 つの柱

1. 環境の持続性：小規模零細漁業と養殖業の永続性のために，生物多様性を持続的に利用する．
2. 経済的持続性：小規模零細漁業と養殖業の包括的な価値連鎖を維持する．
3. 社会的持続性：小規模零細漁業と養殖業の社会的共生と幸福を保証する．
4. ガバナンス：政策環境の構築と強化に向けて小規模零細漁業と養殖業の参加を確保する．
5. ジェンダー平等と公平：小規模零細漁業と養殖業におけるジェンダー平等を認める．
6. 食料安全保障と栄養：持続的な食料供給システムにおける小規模零細漁業と養殖業による健康食への貢献を促進する．
7. レジリエンス：環境劣化，激変，災害，気候変動に対する準備と適応能力を向上させる．

6-3　日本における沿岸漁業の今後の姿

「家族農業の 10 年」について，FAO によると，家族農業は世界の農業経営の 9 割を占め，世

界の食料供給の8割を生産している．経営規模でみると，1 ha 未満の経営体が73％，2 ha 未満の経営体が85％を占めている．第1章で示したように，日本の沿岸漁業者は漁業者数の約96％を占め家族農業に大きく重なるものである．

　これまで，先進国・途上国を問わず，小規模・家族農業の役割は過小評価されてきた．日本においては，戦後は食糧管理制度として，コメ農家保護政策に象徴されるような政治的・経済的支援が行われてきた．しかし，食糧管理制度が限界に達し減反政策に転換したことで，農業の位置づけが変化した．そして近年の新自由主義の潮流の中で，小規模の生産者は「非効率」「儲からない」と評価されるようになった．農業・漁業の効率性は，労働生産性のみで測れるものではない．土地生産性は大規模経営よりも小規模経営で高いという評価もある．エネルギー効率性からも，化石燃料等への依存度が低く，物質循環が可能な小規模・家族農業の価値が注目され，経済・社会・環境的に持続可能な生産体系は，小規模・家族農業だと評価されている（アグロエコロジー）．そのため，国連のSDGsの実現において，小規模・家族農業は中心的役割を果たすことが期待されているのである．

　漁業においても，主流は遠洋漁業，沖合漁業であった．遠洋から撤退し，200海里体制に移行する中で，構造政策が遠洋漁業，沖合漁業対象に行われてきた．沿岸漁業に対しては，予算の多くが公共事業となっていたのが実態である．水産庁予算に占める漁港整備，漁場造成といった公共事業の割合は，2021年は約37％に収まっているものの，以前は50％台（1967〜1981年），80％以上（1999年），約65％（2006年）を占めていた．栽培漁業以外，特に施策がなかった．沿岸環境の悪化や生物の大発生に関する調査や技術開発といった「対策」の事業がされるのみである．しかし近年では，浜の活力再生，漁村の多面的機能，そして新規漁業者就業や人材育成といった沿岸漁業や漁村の活性化を目指した事業が行われるようになった．2021年度には，沿岸漁業の競争力強化として，共同利用施設，密漁防止対策，浜と企業の連携，漁船等のリース方式による導入，水産業競争力強化のための機器，省力・省コスト化に資する漁業用機器等の導入の支援を目的とした交付金が予算化されている．

　沿岸漁業については，漁獲量減少の原因として，資源管理が甘かったという認識によって，資源管理の強化という方向で漁業法が改正された．しかし，沿岸漁業においてより深刻なのは資源減少より漁業者減少である．無論，漁業者減少は，沿岸部市町村の人口減少が背景にあり，漁業者自身の努力で改善できるものではない．資源管理のために漁獲規制を行っても，沿岸漁業の漁業収入につながらない可能性が高い．本章で示した世界の流れは，零細漁業者の安定収入を維持すること，働きがいを感じながら操業できる環境を整えることを目指している．海面漁業者の約38％が65歳を超える漁師である（2018年）．日本の全就業者・雇用者に占める65歳以上の割合は約15％である．生産性の急激な向上などを求めず，高齢者から若手までが家族漁業として生産を担う沿岸漁業を望みたい．それこそが，安定した持続的生産の姿であろう．

コラム **13**　科学論文での単位等の書き方

単位

　和文と英文では，数字と単位記号の書き方が異なる．英文では半角スペースを入れて「5 m」と書く．これは「five meters」の略だからである．「2 kg」「100 V（ボルト）」など．ただし，パーセント（%），温度（℃，℉），角度（°），通貨（$, ￥）などは例外で，スペースは空けず「25.3 %」「19℃」「60°」「$19.90」「￥2,000」と記す．通常，単位付きの数値を並べる際は，単位は1回のみ記す（200–300 m, 2×5 cm）．一方，スペースを空けない単位の場合は，両方の数字に単位を付ける（10℃–15℃, $100–$200）．なお和文では，例えば「5 m」は，「5」と「m」を続けるのが通常であるが，学術誌では英文と同じようにスペースを空けていない．

　ただし，学術誌によって書式が異なることがあるので，投稿する際には原稿の書き方をよく読むこと．

月日

　米式：Nov. 27, 1966，英式：27 Nov. 1966

　科学論文では英式が多い．11/27 という書き方も散見されるが，分数と間違えるので，なるべく避けたい．

サンプリングステーション

　St. は station だけではなく，street, Saint, state の略にも使われるため，Sta. を推奨したい．

コラム **14**　雄と雌の記号

　プレゼンのスライド等では，生物の雄と雌に，「♂」「♀」の記号が度々用いられる．俗語のような記号に見えるので，不適だと考えていたが，この記号を用いている海外の科学論文もある．実はこの記号，意外にも生物学の歴史に基づいている．「分類学の父」と称されるカール・フォン・リンネが『植物の種』（1753）のなかで，初めて雄株と雌株の記号として用いたとされている．もともとは占星術に用いられてきた記号で，戦闘の神アレスの火星（鉄・♂），美の神アフロディーテの金星（銅・♀）に由来しているという．

コラム15 海の季節とカツオ

「目には青葉　山ほととぎす　初鰹（はつがつお）」．目と耳と口で初夏を味わう句であり見事である．5月を読む句とされるが，なぜ5月なのに初夏なのか．これは伝統的な歳時記のルールに沿ったものであり，立春，立夏，立秋，立冬が四季の始まりなのである．したがって夏は，立夏（5月5日頃）から立秋（8月7日頃）まで．ただし『現代俳句歳時記』（学研）では「現行太陽暦の三月，四月，五月を春の部として収める」としており，現代の感覚に合わせているようだ．

気象庁も同様に，春3〜5月，夏6〜8月，秋9〜11月，冬12〜2月としており，おおよそ気温を反映している．一方水温を反映しているのが海洋学の分野であり，春4〜6月，夏7〜9月，秋10〜12月，冬1〜3月である．実はテレビでも，春期を4〜6月，夏期を7〜9月，秋期を10〜12月，冬期を1〜3月としている．これは年度を意識しているのかもしれない．

ちなみにカツオは，戦に勝つ魚（かつうお）として縁起の良い魚とされ，珍重されていた．しかし，江戸時代に寄生虫による食中毒が頻発し，土佐の藩主であった山内一豊は，生のカツオを食べることを禁止したという．アニサキスであろう．そこでカツオが塩たたきとして食されるようになった．表面を軽く炙ることで「焼き魚」と称して生の状態のカツオを食べることができたのである．「たたき」というのは，生のカツオを五枚下ろしにし，表面に塩をふり，包丁の背や腹でたたいてから焼くという作業工程に由来する．「アジのたたき」とは包丁の使い方が違うのである．

おわりに

田中昌一先生の先見

　日本で水産資源学を先導した故田中昌一先生は，1973 年に出版した『水産資源論』の「0 章 展望—水産資源学の歴史と将来」において，以下のように記している[1]．

　「資源学の誕生した西欧諸国では，主としてカレイ，ヒラメやタラなどの底魚を底引き網漁業により利用しており，したがってその理論もこのような漁業形態をモデルとしていた．これらの底魚は寿命が長く，若齢魚の資源への加入量は比較的安定しているか，少なくとも親魚量と独立に変動する傾向があり，また資源の全分布域が漁場になる場合が多いため，伝統的理論の適用が容易であった．しかし最近利用されるようになった資源の中では，寿命が短く，移動性が強く，海況によって漁場への来遊や密度が変化しやすい浮魚が相対的に高い比重をもっており，従来の資源学では不十分となってきた．底魚と異なり，一部のみが漁獲の対象となるいわゆる開放系資源の理論が必要となり，海況と漁況との関係が重要な問題となった．そして従来ほとんど無視されていた環境の問題が深刻に提起された．」

　底魚の加入量が安定しているかどうか，議論のあるところだが，古典的な平衡理論では気象海洋の変動の影響を強く受ける浮魚の資源変動は説明できないことを指摘しているのである．さらには，1880 年代にイギリスで 50 もの法律を作り漁業規制を強化したことに関連して，漁業規制の不必要性を説く 1983 年の Huxley ドクトリンを紹介している．このドクトリンは「すべての規制は新しい役所をつくることを意味している．……法律を破った人より，そんな無駄な法律をつくった人の方が重く罰せられるべきであろう」というもので，その後イギリスで指針となり，1933 年まで漁業規制を行わなかったのである．近年国内外で高まっている，MSY「概念」による徹底した漁業管理施策に対して，重い示唆を与える田中先生の問題提起である．

　この「0 章　展望—水産資源学の歴史と将来」の後段には，「本書で取り上げなかった 2 つの今日的重要問題についてもふれておく必要があろう．2 つの問題とは〈公害〉と〈栽培漁業〉である．」と記されている．これらは沿岸資源学の重要課題である．田中先生は〈公害〉について，北海道泊村の原発建設計画に対して，スケトウダラの産卵場に対する温排水の影響について，まだまとまった研究成果が出ていないこと，電源開発株式会社の淡水大量放水によるブリの減産量算定研究が，基礎研究ではなく漁業補償に用いられたことへの問題意識を述べている．温排水のみならず，海域における有害化学物質，環境ホルモンの問題に加え，近年では，セシウム，トリチウムによる汚染，マイクロプラスチックといった問題も生じている．海洋資源については，海洋汚染から隔離できないことを改めて認識しておく必要があろう．

　また〈栽培漁業〉については，「人工の加えられるものは増殖学の分野で研究するという分業化の思想が固定化された」とし，「資源学的観点も取り入れた新しい立場からの栽培漁業論の展

開が待望される」と結んでいる．近年，栽培漁業も，種苗生産技術，放流技術を越えて，漁獲物調査結果によって得られた混獲率，資源添加率といったデータを解析して，再生産を含む資源への寄与度を科学的に評価する流れになってきている．ただし言葉を変えて「資源培養」として脈々と種苗放流が行われていることも問題点として指摘しておきたい．

今後の資源調査・研究の方向性

　水産資源，特に沿岸資源については，その特性や規模，対象とする漁業の状況も多様である．そのため，今後の方向性を一概にいうことはできないが，私見を交えて，今後の資源調査・研究の方向性を述べてみたい．

　水産庁からの委託を受けて水産研究・教育機構等が実施する我が国周辺水域における主要な水産資源については，新漁業法が 2020 年 12 月に施行されたことに伴い，MSY の達成を目標とする数量管理を基本とする新たな資源管理システムを導入する方針が示されている．具体的には，資源評価対象魚種を 200 種程度に拡大，水揚げ情報の電子的収集体制の整備，TAC 魚種の拡大，TAC 対象種を漁獲する一部の大臣許可漁業に個別割当（IQ）を導入することなどが挙げられている．これに伴い，調査対象魚種の拡大や調査頻度・標本数の増加が見込まれ，より効率的な調査が求められることになるであろう．

　一方，水産研究・教育機構が調査対象としない，磯根資源等の小規模資源については，漁獲量は少ないものの単価が高い物も多く，漁獲する小規模漁業者の数が少なくなるなか，よりきめ細やかな対応が必要になる可能性もある．沿岸人口が少なくなることによって，密漁対策が手薄にならないか，資源に異変があったときにすぐに試験研究機関に連絡してもらえるのか，といった懸念もある．都道府県水産試験場と漁業協同組合，普及指導員，漁業士などとの連携をさらに密にする必要があろう．小規模資源については，調査コストが漁業規模に見合わず，科学的な調査に基づくデータの入手が困難であることも多いため，TAC 対象種に適用されるような資源評価手法はそぐわないこともある．しかし，標識放流法や DeLury 法などの CPUE を用いた資源量推定法，田中先生が提唱するフィードバック管理や，漁獲物の平均体長などから資源評価を行う体長ベース管理（例えば Froese et al., 2008[2]）などを用いて，資源管理方策を提言することができるかもしれない．データがないことを資源管理をしない理由にしてはいけない．

　今後の沿岸漁業の持続性を考えるとき，資源の持続性と漁業の持続性の両立に，より注意を払う必要があるだろう．日本の漁業従事者数は 1980 年代の 3 分の 1 にまで減少している．沿岸の小さな漁村で漁業がなくなれば，漁村の存亡に関わる．それぞれの漁村には特有の資源があり，それに即した魚食文化がある．小さい漁村の小規模漁業は，漁獲効率も悪いかもしれない．しかし，効率化を求めるあまりに多獲性魚種を対象とする効率の良い漁業に移行していくと，漁獲物の多様性，食文化の多様性は失われ，ひいては日本の文化の根源が弱体化するのではないだろうか．海に魚がいるだけでは食卓に魚は並ばない．資源と漁業の両方が持続しなければ，今までのように様々な魚をいつまでも食べ続けることはできない．

　近年，気候変動が原因と思われる漁獲対象魚種の大変動が目につく．例えば，函館市のブリの

漁獲量は，2010 年まではほとんどの年で 1,000 トン以下であったが，2011 年に 5,000 トンを超え，2020 年には 1 万トンを超えた．函館市のブリの水揚げは，全国で 3 位となった．しかし，北海道民はブリになじみがなく，加工や料理の仕方がわからず，一時期は相当に値段が下がり，漁業者も苦労したと聞く．一方で，かつて年間 5 万トンに迫っていた函館市のスルメイカの漁獲量は 10 年余りで激減し，2020 年は 2,300 トンとなった．全国的にも有名なイカ珍味加工場は，どこも材料の入手に苦労している．このような漁獲対象魚種の大変動は今後も起こってくるのであろう．

災害に伴う資源変動も避けて通れない．三陸沖地震やそれに伴う福島第一原子力発電所事故による水産業への壊滅的被害についてはいうまでもないが，2021 年には新たに，北海道道東海域に発生した赤潮によって，甚大な被害が発生した．特に，ウニ類，エゾボラ，ナマコ類などの沿岸資源への影響は甚大で，回復までに相当の年月がかかるといわれている．

このように近年，極端な資源変動が目につく．とはいえ，今までも資源量変動は起こっていた．乱獲，資源管理の失敗などに理由を探したくなるが，水産資源は常に変動する性質のものであることを忘れてはいけない．当然，適切な資源評価と漁業規制によって，資源の極端な変動を抑え，持続的な漁業を目指していくべきではあるが，一方で，資源変動が起こることを常に想定し，漁業者だけではなく加工，流通，小売，飲食，消費者にまで至るステークホルダー全員が一丸となって，資源変動をチャンスに変える頑健性と回復力をもつことが必要である．資源調査・研究は，いち早く資源変動を察知し，今後の動向予測を示すなどして，頑健性と回復力に大きく寄与できるはずである．

本書では，水産資源評価，漁業規制につながる沿岸資源調査について述べてきた．いうまでもなく，調査とは現況を把握することである．科学的な研究につなげるために，定量的に状況を記述することが不可欠であり，その技術を論じてきたが，一方で定量化は問題解決の一手段でしかない．本当に行いたいことは，現状を把握して問題を解決することであり，そのために定量的調査を実施しているということを忘れてはならない．

今後，デジタル化に伴いデータの収集や計算がより効率的に行われるようになるだろう．従来は，データを書き込んだり打ち込んだりする段階で，いろいろと気づくことがあったが，今後，自動化される部分が増えると，データが集計され計算される過程に目が届かず，誤ったデータに基づいた誤った結果が意思決定に使われないか心配である．

調査に出向くのは月に数回から年に数回と少ないかもしれない．しかし，漁業者は毎日のように漁場や魚を観察している．定量的ではないかもしれないが，その漁場のその資源に関しては，大学教授や調査員よりも，そこで操業している漁業者が現状を最も把握しているに違いない．どのような問題が起こっているのか，漁業者からつぶさに聞き取り，また定量的結果が出たら漁業者に意見を聞くことを必ず行って欲しい．この過程で，データの誤りや解析の誤りに気づく可能性が高い．このフィードバックを繰り返すことによって，資源の現況を定量化する力，それを解析する力が磨かれていくに違いない．漁師は海の先生だ．

引用文献

はじめに

(1) 能勢幸雄，石井丈夫，清水 誠（1988）水産資源学，東京大学出版会，pp.217.

(2) 松石 隆（2022）水産資源学，海文堂出版，pp.167.

(3) 北田修一（2001）栽培漁業と統計モデル分析，共立出版，pp.335.

第1章

(1) 松川康夫，張 成年，片山知史，神尾光一郎（2008）我が国のアサリ漁獲量激減の要因について（総説），日本水産学会誌，74，137–143.

(2) 二平 章（2019）漁業法改悪と沿岸家族漁業，前衛，970，94–107.

(3) Fujikura K., D. Lindsay, H. Kitazato, S. Nishida, Y. Shirayama (2010) Marine Biodiversity in Japanese Waters, PLoS ONE, 5, e11836.

(4) 片山知史（2017）資源操作論の限界 沿岸資源管理の歴史に学ぶ，漁業科学とレジームシフト 川崎健の研究史，川崎 健，片山知史，大海原 宏，二平 章，渡邊良朗（編著），東北大学出版会，432–447.

(5) 水産庁（1997）水産白書（平成8年度版），農林統計協会.

(6) 和田時夫（2002）資源の持続的利用，資源評価体制確立推進事業報告書—資源解析手法教科書—，日本水産資源保護協会，235–245.

(7) 片山知史（2019a）改正漁業法と数量管理，漁協と漁業，658，4–9.

(8) 片山知史（2019b）水産施策の改革の意義と問題点，北日本漁業，47，25–32.

(9) 片山知史，中田 薫（2020）はじめに，「水産政策の改革について」の意義と問題点，日本水産学会誌，86，433.

(10) 片山知史（2019）水産施策の改革の意義と問題点，北日本漁業，47，25–32.

(11) 片山知史，甲斐史文，林田秀一（2012）宮崎モデル—沿岸資源調査，評価，管理の先行例—，意見／提言，水産海洋研究，76，241–242.

(12) 片山知史（2011）沿岸資源管理の諸問題，黒潮の資源海洋研究，12，103–105.

(13) 片山知史（2008）沿岸資源の変動とその特徴，月刊海洋，10，454–462.

(14) 片山知史（2011）浅海域生態系と沿岸資源の長期変動，水産学シリーズ，169，浅海域の生態系サービス—海の恵みと持続的利用，恒星社厚生閣，107–115.

(15) 田中昌一（1960）水産生物のPopulation Dynamicsと漁業資源管理，東海水研報，28，1–200.

(16) Mace P.M., M.P. Sissenwine (1993) How much spawning per recruit is enough? In: Risk evaluation and biological references points for fisheries management (eds. Smith S.J., J.J. Hunt, D. Rivard), National Research Council, Canada, 101–118.

第2章

(1) FAO (2020) FAO Yearbook, Fishery and Aquaculture Statistics 2018, Rome. https://doi.org/10.4060/cb1213t

(2) 水産庁（2020）水産白書（令和2年度版），農林統計協会.

(3) FAO（2012）世界漁業・養殖業白書（日本語要約版），国際農林業協働協会.

(4) 山本 忠（1960）漁業養殖業生産高統計の変せんとその利用について，日本水産学会誌，26，1050–1058.

(5) 廣吉勝治，佐野雅昭（2008）ポイント整理で学ぶ水産経済，北斗書房，pp.285.

(6) 一色竜也（2013）神奈川県沿岸における遊漁案内業船によるマダイ釣獲量の年変動，日本水産学会誌，79，337–344.

(7) Russell E.S. (1931) Some theoretical consideration on the "overfishing" problem, ICES J. Mar. Sci., 6, 3–20.

(8) 一色竜也，片山知史（2008）神奈川県沿岸域におけるヒラメ種苗放流効果の推定，神奈川県水セ研報，3，49–57.

第3章

(1) 中屋光裕, 髙津哲也（2019）水産科学・海洋環境科学実習（北海道大学水産学部練習船教科書編纂委員会編），海文堂出版，pp.242.

(2) 星野 昇，田中伸幸，本間隆之，鈴木祐太郎（2017）北海道周辺海域におけるマダラの年齢組成，北水試研報，92，33–42.

(3) Tomiyama T. (2013) Sexual dimorphism in scales of marbled flounder *Pseudopleuronectes yokohamae* (Pleuronectiformes: Pleuronectidae), with comments on the relevance to their spawning behavior, J. Fish Biol., 83, 1334–1343.

(4) 片山知史，秋山清二，下村友季子，黒木洋明（2015）東京湾におけるクロアナゴとダイナンアナゴの成長様式と雌雄比，日本水産学会誌，81，688–693.

(5) 片山知史，黒木洋明（2008）大西洋におけるアナゴ類の生活史（総説），水研セ研報，24，15–21.

(6) Shimizu A., K. Uchida, S. Abe, M. Udagawa, T. Sato, K. Katsura (2005) Evidence of multiple spawning in wild amphidromous type ayu, Fish. Sci., 71, 1379–1381.

(7) 清水昭男（2006）生殖生理に関する研究手法と水産重要魚種の再生産研究高度化への応用，水研セ研報（suppl. 4），63–70.

(8) Katayama S., Y. Sugawara, M. Omori, A. Okata (1999) Maturation and spawning processes of anadromous and resident pond smelt in Lake Ogawara, Ichtyol. Res., 46, 1, 7-18.

(9) 山崎文雄（1989）性の分化とその制御，水族繁殖学，緑書房，141–165.

(10) 中園明信，桑村哲生（1987）魚類の性転換（動物 その適応戦略と社会），東海大学出版会，pp.283.

(11) 児玉純一（1997）万石浦ニシンの個体群変動機構に関する研究，宮城水セ研報，15，1–42.

(12) 高柳志朗，石田良太郎（2002）石狩湾系ニシンの繁殖特性，北水試研報，62，79–89.

(13) Pinkas L. (1971) Food habits study, Fish. Bull., 152, 5–10.

(14) Pinkas L., M.S. Oliphant, I.L.K. Inverson (1971) Food habits of albacore, bluefin tuna, and bonito in Californian waters, Fish. Bull., 152, 11–105.

(15) 石樋由香，横山 寿（2008）濃縮係数の変動性—魚類を例として，水産学シリーズ，159，安定同位体スコープで覗く海洋生物の生態—アサリからクジラまで（富永 修，高井則之編），恒星社厚生閣，31–45.

(16) Elliott J.M., L. Persson (1978) The estimation of daily rates of food consumption for fish, J. Anim. Ecol., 47, 977–991.

(17) 冨山 実，首藤宏幸，畔田正格，田中 克（1985）志々伎湾におけるチダイ当歳魚の摂餌日周期性と日摂食量，日本水産学会誌，51，1619–1625.

第4章

(1) 応用統計ハンドブック編集委員会（1978）応用統計ハンドブック，養賢堂，pp.827.

(2) Hasselblad V. (1966) Estimation of parameters for a mixture of normal distributions, Technometrics, 8, 431–444.

(3) 相澤 康，滝口直之（1999）MS-Excel を用いたサイズ度数分布から年齢組成を推定する方法の検討，水産海洋研究，63，205–214.

(4) 赤嶺達郎（1985）Polymodal な度数分布を正規分布へ分解する BASIC プログラムの検討，35，129–160.

(5) Bhattacharya C.G. (1967) A simple method of resolution of a distribution into Gaussian components, Biometrics, 23, 115–135.

(6) Brey T., M. Soriano, D. Pauly (1988) Electronic length frequency analysis: a revised and expanded user's guide to ELEFAN 0, 1 and 2., Institut für Meereskunde (Kiel), pp.76.

(7) Pauly D., G.R. Morgan (eds.) (1987) Length-based methods in fisheries research, ICLARM Conference Proceedings 13, Kuwait Institute for Scientific Research, pp.468.

(8) Sparre P. (1998) Introduction to tropical fish stock assessment, Part 1. Manual, FAO Fish. Tech. Paper, 306, 1–407.

(9) 片山知史（2021）耳石が語る魚の生い立ち，雄弁な小骨の生態学，恒星社厚生閣，pp.106.

(10) Katayama S. (2018) Review: A description of four types of otolith opaque zone, Fish. Sci., 84, 735–745.

(11) 能勢幸雄，石井丈夫，清水 誠（1988）水産資源学，東京大学出版会，pp.217.

(12) Matsui N., M. Sasaki, M. Kobayashi, J. Shindo, T.F. Matsuishi (2021) Growth and reproduction in harbour porpoise (*Phocoena phocoena*) Inhabiting Hokkaido, Japan, Aquat. Mamm., 47, 185–195.

第5章

(1) von Bertalanffy L. (1938) A quantitative theory of organic growth (inquires on growth laws II), Human Biology, 10, 181–213.

(2) Pauly D. (1979) Gill size and temperature as governing factors in fish growth: a generalization of von Bertalanffy's growth formula, Ber. Inst. Meereskd. Christian-Albrechts Univ. Kiel, Germany.

(3) Munro J.L., D. Pauly (1983) A simple method for comparing the growth of fishes and invertebrates, Fishbyte, 1, 5–6.

(4) Walford L.A. (1946) A new graphic method of describing the growth of animals, Biol. Bull., 90, 141–147.

(5) 片山知史，秋山清二，長沼美和子，柴田玲奈（2009）千葉県館山湾におけるアイゴ *Siganus fuscescens* の年齢と成長，水産増殖，57，417–422.

(6) Campana S.E. (1990) How reliable are growth back-calculations based on otoliths? Can. J. Fish. Aquat. Sci., 47, 2219-2227.

(7) Campana S.E., C. Jones (1992) Analysis of otolith microstructure data, In: Otolith microstructure examination and analysis (eds. Stevenson D.K., S.E. Campana), Can. Spec. Publ. Fish. Aquat. Sci., 117, 73–100.

(8) Cailliet G.M., W.D. Smith, H.F. Mollet (2006) Age and growth studies of chondrichthyan fishes: the need for consistency in terminology, verification, validation, and growth function fitting, Env. Biol. Fishes, 77, 211–228.

(9) Katayama S., Z. Hong, M. Yamamoto, T. Miyagawa (2020) Age and growth of the horse clam *Tresus keenae* in Seto Inland Sea and Ise Bay, western Japan, J. Shellfish Res., 39, 2, 313–320.

(10) Moore B., C. Simpfendorfer, S. Newman, J. Stapley, Q. Allsop, M. Sellin, D. Welch (2012) Spatial variation in life history reveals

insight into connectivity and geographic population structure of a tropical estuarine teleost: King threadfin, *Polydactylus macrochir*, Fish. Res., 125–126, 214–224.

[11] Cailliet G.M., W.D. Smith, H.F. Mollet (2006) Age and growth studies of chondrichthyan fishes: the need for consistency in terminology, verification, validation, and growth function fitting, Env. Biol. Fishes, 77, 211–228.

[12] 片山知史，朱玉立，中西健二，長野昌子（2021）宮崎県沿岸におけるオオニベの年齢と成長，日本水産学会誌，87，117–122.

第6章

[1] Costanza R. (1997) The value of the world's ecosystem services and natural capital, Nature, 387, 253–260.

[2] 佐藤尚紀，工藤貴史（2020）沿岸漁業の協業化に関する先行研究の論点整理と今後の課題，北日本漁業経済学会第49回大会要旨集，1–6.

おわりに

[1] 田中昌一（1973）展望—水産資源学の歴史と将来，水産資源論，田中昌一（編），東京大学出版会，1–5.

[2] Froese R., A. Stern-Pirlot, H. Winker, D. Gascuel (2008) Size matters: how single-species management can contribute to ecosystem-based fisheries management, Fish. Res., 92, 231-241.

コラム

田中昌一（1960）水産生物の Population Dynamics と漁業資源管理．東海水研報，28，1–200.

落合 明（編）（1987）魚類解剖学，水産養殖学講座 第1巻，緑書房，pp.347.

岩井 保（1991）魚学概論，恒星社厚生閣，pp.183.

川本信之（1970）魚類生理，恒星社厚生閣，pp.554.

橋本富寿，間庭愛信（1957）100kc から 400kc までの超音波の魚体反射損失に関する研究，日音響会誌，13，1–6.

落合 明（2000）魚類解剖大図鑑，緑書房，pp.250.

Collette B.B. (1978) Adaptations and Systematics of the Mackerels and Tunas, in The Physiological Ecology of Tunas (eds. Sharp G.D., A.R. Dizon), Academic Press, New York, 7–39.

Chanet B., C. Guintard (2019) The absence of gas bladder in the Atlantic mackerel *Scomber scombrus* Linnaeus, 1758 (Actinopterygii: Teleostei: Scombridae), A review, Cah. Biol. Mar., 60, 299–302.

Katayama S., T. Ishida, Y. Shimizu, A. Yamanobe (2004) Seasonal change in distribution of Conger eel, *Conger myriaster*, off the pacific coast south of Tohoku, northeastern Japan, Fish. Sci., 70, 1–6.

片山知史（2010）マアナゴ耳石の年輪再考，マアナゴ資源と漁業の現状，中央水産研究所，2，170–171.

片山知史（2019）漁獲対象魚の生態，マアナゴの生活史研究の最前線と資源管理，月刊海洋，51，1，25–29.

Kurogi H., N. Mochioka, M. Okazaki, M. Takahashi, M. J. Miller, K .Tsukamoto, D. Ambe, S. Katayama, S. Chow (2012) Discovery of a spawning area of the common Japanese conger *Conger myriaster* along the Kyushu-Palau Ridge in the western North Pacific, Fish. Sci., 78, 525–532.

黒木洋明（2019）マアナゴの産卵場と仔魚の接岸回遊機構，マアナゴの生活史研究の最前線と資源管理，月刊海洋，51，1，10–16.

Paine R.T. (1966) Food web complexity and species diversity, American Naturalist, 100, 910, 65–75.

Power M.E., D. Tilman, J.A. Estes, B.A. Menge, W.J. Bond, L.S. Mills, G. Daily, J.C. Castilla, J. Lubchenco, R.T. Paine (1996) Challenges in the quest for keystones: Identifying keystone species is difficult—but essential to understanding how loss of species will affect ecosystems, BioScience, 46, 609–620.

Nicholls P. (2002) Determining impacts on marine ecosystems: the concept of key species, Water Atmosph., 10, 22–23.

浜崎恒二，石坂丞二，齊藤宏明，杉崎宏哉，鈴木光次，高橋一生，千葉早苗（2013）海洋学の10年展望（Ⅲ）—日本海洋学会将来構想委員会生物サブグループの議論から—，海の研究，22，253–272.

沖山宗雄（編）（2014）日本産稚魚図鑑 第二版，東海大学出版会，pp.1912.

西山 豊（2021）卵形考，日本の科学者，56，8，37–40.

Carl von Linné (1753) Species plantarum, Holmiae.

現代俳句協会（2004）現代俳句歳時記，学研プラス．

索　引

執筆者紹介

片山知史（かたやま さとし）
東北大学農学研究科 水産資源生態学分野 教授
1966 年東京生まれ，東北大学農学部卒 同助手，水研センター中央水研・主任研究員，室長を経て，2011 年 4 月より現職.
専門：沿岸資源学——沿岸資源生物の生態および生息環境の特性を明らかにしながら，資源が変動するメカニズムの解明と資源管理理論の構築に取り組んでいる．東日本大震災後は，積極的に被災地の水産業・漁村の課題にも携わっている.
著書：『地球温暖化とさかな』（分担執筆，成山堂書店），『魚と放射能汚染』（単著，芽ばえ社），『漁業科学とレジームシフト』（編著，東北大学出版会），『耳石が語る魚の生い立ち』（単著，恒星社厚生閣）など

松石　隆（まついし たかし）
北海道大学水産科学研究院 教授
1964 年東京生まれ，東京大学教養学部卒，東京大学海洋研究所博士後期課程，北海道大学水産学部助手を経て，2017 年 4 月より現職.
専門：水産資源学——資源管理・資源量推定法について先端的な研究をし，近年は東南アジアにおける漁業管理について研究を進めている．また，ネズミイルカをはじめとする鯨類の座礁・混獲に関する研究も推進している.
著書：『生き物と音の事典』（分担執筆，朝倉書店），『水産科学・海洋環境科学実習』（分担執筆，海文堂出版），『出動！イルカ・クジラ 110 番：海岸線 3066km から視えた寄鯨の科学 』『水産資源学』（単著，海文堂出版）など

沿岸資源調査法

片山知史・松石 隆 著

2022 年 4 月 5 日　　初版 1 刷発行

発行者　　　　片岡 一成
印刷・製本　　株式会社ディグ
発行所　　　　株式会社恒星社厚生閣
　　　　　　　〒 160-0008 東京都新宿区四谷三栄町 3-14
　　　　　　　TEL：03（3359）7371
　　　　　　　FAX：03（3359）7375
　　　　　　　http://www.kouseisha.com/

ISBN978-4-7699-1677-2　C3062

耳石が語る魚の生い立ち
－雄弁な小骨の生態学

片山知史 著

A5判·114頁·定価2,200円（税込）

水産分野で資源や漁業の研究に幅広く用いられる魚類の耳石について、輪紋や形状等の基本的構造から詳しく解説。

水産総合研究センター叢書
生物資源解析のエッセンス

赤嶺達郎 著

B5判·126頁·定価2,750円（税込）

生物資源を対象にしたデータ解析の手法の基本的な考え方、ポイントをわかりやすく対話形式で解説。

水産総合研究センター叢書
日本漁業の制度分析 －漁業管理と生態系保全

牧野光琢 著

A5判·260頁·定価3,630円（税込）

日本の漁業管理の沿革、漁業権の法的性格、漁業管理制度、漁業権と漁業許可など漁業の基本をまとめた。

水産研究・教育機構叢書
海洋保護区で魚を守る

名波 敦・太田 格・秋田雄一・河端雄毅 著

A5判·238頁·定価2,750円（税込）

石垣島近海のサンゴ礁の魚、ナミハタの生態や海洋保護区による保全の研究を社会学的な面も踏まえ解説。

***e*-水産学シリーズ2**
魚類の性決定・性分化・性転換
－これまでとこれから

菊池 潔・井尻成保・北野 健 編

A5判·260頁·書籍：定価6,050円（税込）／電子書籍：定価2,640円（税込）

多様な性様式を示す魚類の性研究が進展している。性統御技術など水産増養殖へ活用の糸口も探る。

水産学シリーズ147
レジームシフトと水産資源管理

青木一郎・二平 章・谷津明彦・山川 卓 編

A5判·140頁·定価3,960円（税込）

気候・海洋の地球規模での長期変動、レジームシフトを踏まえた資源管理方策と漁業のあり方を探る。

魚類学

矢部 衞・桑村哲生・都木靖彰 編

A5判·388頁·定価4,950円（税込）

魚類学の教科書、『魚学入門』を再編成。分類体系をはじめ新知見で見直し、生態学も大幅に補完。

もっと知りたい！海の生きものシリーズ④
イワシ －意外と知らないほんとの姿

渡邊良朗 著

A5判·112頁·定価2,640円（税込）

海や気候の影響を受け、大きく変動するイワシ資源の謎に迫るとともに今後の漁業のありかたを考える。

もっと知りたい！海の生きものシリーズ⑤
アワビって巻貝!? －磯の王者を大解剖

河村知彦 著

A5判·116頁·定価2,640円（税込）

高級食材アワビの生態を解明し、そこで得られた知見をもとに激減する資源の復活に向けた方策を探る。

恒星社厚生閣